XIAODONGWU
WAIGUDING ZHIJIA
JISHU

# 小动物外固定支架技术

张磊 主编

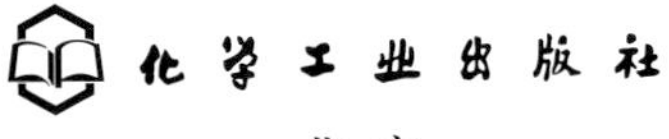


·北京·

## 内容简介

随着国内经济的发展，宠物产业增长很快，宠物发生骨折的病例也呈现增长的趋势。目前，针对宠物骨折的手术治疗方法主要是利用骨板和克氏针等治疗。这些方法因其自身的特点，不能够完全满足临床需求。

当临床上用骨板和克氏针治疗骨折发生感染或应力屏蔽等导致骨吸收、钢板断裂、螺钉断裂和脱落、克氏针松动等造成骨愈合延迟，甚至骨不愈合的时候，外固定支架可以很好地解决这些问题。

外固定支架技术因易学、创伤小、易于组装、多形性组合、术后可以随时调整其强度等特点，可以适用于小动物各种类型的骨折。

本书对于外固定支架的理论、常见外固定支架组合类型以及技术要点进行了全面阐述，同时还有相应的案例图片。对于小动物临床医生以及大专院校相关专业师生都有一定的借鉴意义。

图书在版编目（CIP）数据

小动物外固定支架技术 / 张磊主编. —北京：化学工业出版社，2023.1

ISBN 978-7-122-42381-8

I. ①小… II. ①张… III. ①动物疾病-骨折固定术 IV. ①S857.16

中国版本图书馆CIP数据核字（2022）第195764号

责任编辑：漆艳萍　　装帧设计：韩　飞

责任校对：张茜越

出版发行：化学工业出版社

（北京市东城区青年湖南街13号　邮政编码100011）

印　　装：盛大（天津）印刷有限公司

880mm×1230mm　1/32　印张6½　字数141千字　2023年8月北京第1版第1次印刷

购书咨询：010-64518888

售后服务：010-64518899

网　　址：http://www.cip.com.cn

凡购买本书，如有缺损质量问题，本社销售中心负责调换。

定　　价：78.00元

# 编写人员名单


主　编：张　磊

副主编：李四豪　宋　超

策　划：李建伟

参　编：曾东清　孙永强　年聚盆　赵艳军

吴　熙　丁佳楠　钱存忠　杨　宇

易德桥　李　凡　杨　斌　万　勇

高小可　何松林　赵　彬　周茂义

张国士　陈智华　张　帅　阮　健

李岳明　李国涛　杨宗敏　施丽萍

王海燕　周永燚　黄草芒　吕世伟

张红强　薛丁山　张　静　植广林

# 序言

骨折是一种小动物临床常见的外科疾病，常采用外固定或内固定方法来治疗。而对于小动物四肢长骨骨折，通常有骨外固定支架系统、骨板和螺钉固定系统与交锁髓内钉固定系统3种固定系统可以选择，也可加上环扎钢丝或拉力螺钉等作为补充；还可使用髓内针以形成板-杆结构或外固定支架“搭接”结构，从而扩展骨板和螺钉固定系统与外固定支架系统的使用范围。这几种固定方式在一些复杂骨折病例中可互补应用。其中外固定支架系统的优点很多，它是唯一的一种可以在术中和术后对骨折固定处进行调整的方法；也是一种可以选择不需要打开手术通路，尽可能保护骨折部位周围的软组织，有益于保存骨折部位血液供应的方法；同时，外固定支架的附加部分和固定针很容易从骨中取出，小动物不需全身麻醉，仅镇静即可。当然，外固定支架固定针的软组织通道（针道）的感染是明显的不足之处。因此，在兽医临床中对动物骨折正确地使用外固定支架是非常重要的，也是非常迫切的。

《小动物外固定支架技术》这本书是急需了解该项技术的读者的福音。书中不仅详细地描述了外固定支架的基本组成与分类、基本操作技术、适应证与临床应用要点，还就临床骨折修复的难点“骨不连”的诊断与治疗进行了专门讨论；书中还收集了较多临床典型病例，并阐述了其诊断与外固定支架治疗的过程与结果。总之，编者在总结前人理论的基础上，结合自身的临床实践经验，编撰了这本理论结合实际、图文并茂的不可多得的参考书，集可读性、科学性，尤其是实用性于一体，非常值得各位读者学习与借鉴。

南京农业大学动物医学院高级兽医师

钱存忠博士

2022年3月21日

# 序言

骨外固定是利用生物力学原理达到骨断端复位与固定，促进骨愈合和功能恢复为目的的一项治疗技术。骨外固定支架及其临床应用目前还处于继续发展阶段，除了作为治疗骨折的一种方法外，还应用于治疗骨不连、关节切除融合、截骨矫形及肢体延长等。外固定支架主要是通过穿插在骨上的钢针对骨采用加压、牵伸、中和位和成角的施力方式，利用力学原理达到治疗目的。临床可选用单边式（亦称半针或钳夹式）、双边式（亦称全针或框架式）、四边式（亦称四边形框架式）、半环式、全环式、三角式（亦称三边式）和其他类型的外固定支架，对不同的情况进行针对性治疗，从而达到理想的治疗效果。

我国从20世纪70年代中期开始研制自己的外固定支架，并于21世纪陆续出现至小动物临床应用中。外固定支架技术的重要优势在于：现代外固定支架质量可靠,稳定性好,组装形式灵活多样，为骨折端提供有利于愈合的轴向微动,缩短愈合时间和增加愈合后强度；相对于内固定术，固定范围更广，尤其是超关节固定术，提高邻近关节固定的稳定性；采取微创操作和闭合复位，手术损伤和风险小，对肢体外观影响甚小，同时外固定支架的固定针远离伤口,从而能够降低伤口感染率和骨髓炎发病率。本书策划人李建伟是小动物骨科器械专家，对小动物外固定支架技术进行推广，并帮助和配合国内诸多宠物医生以及野生动物专家使用外固定支架来解决动物的骨科疾病等。此技术能应用于小动物一些其他方式难以处理的粉碎性骨折、四肢开放性骨折、广泛软组织伤骨折、关节末端骨折等，极大程度上减轻动物的痛苦，提高动物的福利，极大提高骨科疾病的治愈率。

《小动物外固定支架技术》这本书的编写目的是解决小动物

临床中各类骨折疾病的棘手问题。本书详细介绍了骨外固定的发展史、分类、基本结构及组成、生物力学原理、基本技术，针对不同类型的骨折还单独分出三个章节来进行详细的介绍。此外对临床治疗方案进行分析讨论，并附有多个典型案例，为临床治疗提供明确参考，是了解骨外固定技术的不可多得的集科学性和实践性的书籍，值得广大读者参阅与借鉴。

**云南农业大学动物医院院长　肖啸教授**

2022年3月22日

# 前 言

骨外固定是利用生物力学原理达到骨断端复位与固定、促进骨愈合和功能恢复的一项治疗技术。由于骨外固定支架的设计制造和应用技术的不断完善，当今不仅被公认为治疗骨折的标准治疗方法之一，还可提高膝关节、踝关节切除融合术、截骨矫形术和肢体延长术的治疗效果。诚如AO学派所指出，它是现代矫形外科不可分割的一部分。早在19世纪中叶，就由 Malgaigne指出，在 Lambotte倡导外固定支架治疗骨折的时代，已初步认识了它的优点。但它的真正发展和在骨折治疗中占据应有的位置，则是从20世纪60年代后期，在 Burny与Vidal等奠定其生物力学基础研究之后才开始的。近代的外固定支架大多能从机械力学方面为骨折提供牢稳的固定，可满足早期功能锻炼的要求，同时还可以用其生物力学性能可调性这一独特优点，在骨折后期通过减少钢针或（和）连接杆的数目来降低固定刚度，以促进骨的愈合。但是，骨外固定作为一种治疗方法，也有它的局限性和它所固有的缺点，例如钢针松动与针道感染仍有一定的发生率，钢针还有可能刺伤神经和血管。因此，严格掌握和使用外固定支架指征和认真执行操作技术，以及注意术后护理，是获得良好治疗效果的必要条件。由于国内小动物骨科发展的时间短、病例少，故本书吸取和采纳了人医方面的一些知识。

我国从20世纪70年代中期开始研制外固定支架，并陆续出现其临床应用的报道。据编者了解，小动物外固定支架在国内是河南农业大学邓立新教授和小动物骨科器械专家李建伟首先开展使用，之后李建伟开始推广，并帮助和配合国内诸多宠物医生以及野生动物专家使用外固定支架来解决动物的疾病。李建伟在小动物乃至大动物和野生动物外固定支架开发以及临床运用中硕果丰盛，得到了行业人士的一致认可。本书作者之一李四豪老师在临床上积累了丰富的经验，提炼出了很多科学的理论并规范实际操作。外固定支架技术是正在继续发展的一项治疗技术，还有一些新的外固定支架及其临床运用和经验未收入本书。同时由于我们的经验和水平有限，不足之处在所难免，敬请读者批评指正，以便再版时改进。

编者

2022年6月

# 目 录

第一章

# 骨外固定支架技术概述

外固定支架技术是治疗骨折诸多方法中的一种，是指在骨折的近心与远心骨段经皮穿放钢针或钢钉，再用坚硬的金属或塑料连接杆与钢针固定夹把裸露在皮肤外的针端彼此连接起来，以固定骨折端。固定骨折端的这种特殊装置，称为骨外固定器或外固定支架。使用外固定支架治疗骨折已有一个半世纪的历史，其发展经历了艰难曲折的过程。近30多年来，由于材料力学、骨生物力学和骨折愈合基础理论等相关学科的发展，以及高能量外力所致的骨折日益增多，骨外固定重新引起人们的研究兴趣，骨外固定支架的设计制造和应用技术也随之日臻完善，现已成为治疗骨折的标准方法之一，并扩大应用于截骨矫形和一些骨病的治疗。

第一节

# 骨外固定支架技术的发展

## 一、骨外固定概念的形成



经皮穿针骨外固定的概念始于19世纪中叶。1840年，法国外科医生 Malgaigne，首先使用骨外固定，他用2枚大钉经皮穿入胫骨骨折的远心与近心骨段，皮外的钉尾固定于金属带上，后者再连接于可调整周径的皮带来调控骨折端移位（图1-1）。1843年，他又设计一种爪形钳治疗髌骨骨折。这种爪形外固定钳是由两块各有双钩的金属板叠放组成，可伸缩活动，用螺纹连接杆固定。这就是最早的骨外固定支架。

1850年，Rigaud用2枚螺钉分别钉入尺骨鹰嘴骨骨折的两骨段，用绳子拉拢骨断端和用钢丝捆扎钉尾以固定骨折

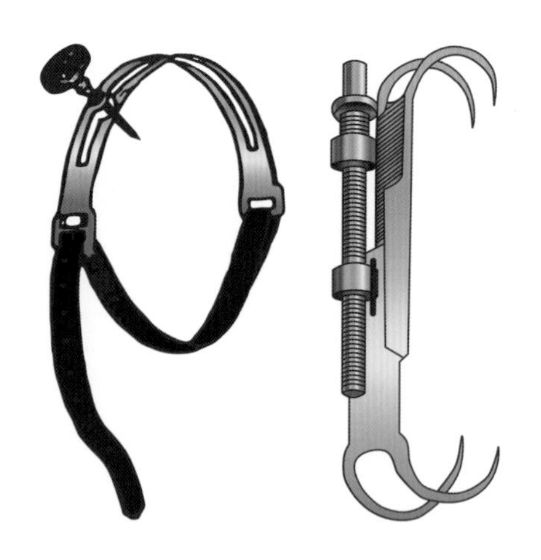

图1-1　Malgaigne骨外固定支架

端，2个月后拔除螺钉。这是用骨外张力带治疗髌骨骨折与尺骨鹰嘴骨骨折最早的例证。1870年，Beranger-Feraud对此法加以改进，用木条连接固定钉尾，设计出治疗下颌骨折的外固定支架。上述原始外固定支架很不完善，难以获得确切的治疗效果。但反映了19世纪下半叶骨外固定的概念已初步形成，出现了单平面单侧（半针）外固定支架的雏形。

## 二、向临床实用化推进

19世纪末与20世纪初，由于Parkhill和Lambotte的努力，骨外固定作为治疗骨折的一种方法，开始向临床实用化推进。

Parkhill是美国外科医生，1894年他设计了一种单平面单侧外固定支架的骨夹，并用于临床。1897年报道9例和制造生产三种规格大小的骨外固定支架，至1898年报道总数14例全部治疗成功。他积极宣传骨外固定支架具有容易掌握，固定准确，可防止骨折断端纵向或横向移位，组织内不留遗物，以及无须再手术等优点。Lambotte是著名的比利时骨科医生，被称为系统骨折外科之父。在完全不了解Parkhill工作的情况下，他于1902年设计了一种新式外固定支架，包括固定针、能调节的钢针固夹和金属连接杆。并制造了可用于股骨、胫骨、锁骨、肱骨、前臂与手部骨折的不同规格外固定支架。《骨折外科手术学》一书中，对上述部位骨折于伤口处更换敷料，能控制骨折愈合，以及伤肢在治疗期间可以活动等均有描述。上述优点在严重的小腿开放性骨折治疗中体现得尤为明显，这类骨折由于使用骨外固定，一些诊断为非截肢不可的病例，常能得以幸免截肢。

外固定支架在向临床应用推进的第一阶段，其优点虽已被初步认识，但也明显存在许多问题，如针道感染、固定的稳定性不足以及再调整困难等，是骨外固定常受到责难和难以推广应用的重要原因。尽管骨外固定作为治疗骨折的一种方法，直到20世纪60年代末，尚未得到公认，但仍有不少学者继续研究和应用，使骨外固定支架不断得到改进和发展。



## 三、骨外固定系统的改进

外固定支架在结构上包括钢针、固定夹和连接杆三个基本部件，它是通过穿放在骨骼钢针和骨组成新的力学体系，达到将骨断端固定的目的。临床上要求骨外固定系统有好的稳定性和可调性，在 Parkhill 与 Lambotte 外固定支架基础上，陆续出现许多新的外固定支架。其改进集中在以下三个方面。

### 1. 针的改进

最早是用铁钉，为改善组织对钉的耐受性（相容性），Lambotte 曾在钉上镀金或镍。由于冶金学的发展，1931 年 Boever 首先采用不锈钢钉，很大地改进了钉的抗腐蚀性和组织的耐受性。现代的外固定支架均使用不锈钢制作的钉或针，也有小部分使用钛合金材料。为加强针在骨内的把持力，1932 年 H. Judet 将针穿透对侧骨皮质以增强依托强度，并坚决主张每个穿针处要宽松切开，同时注意减少发生感染。穿针处切开，可以避免皮肤因压迫坏死和循环不良。

有一些医生提议将针贯穿对侧，在肢体两侧用连接杆连接（Lambret，1912）。1921 年 Putti 应用牵引和对抗牵引这个概念，改进 Codivilla（1905）作股骨延长只作跟骨牵引的方法，推动了截骨延长术的发展。1974年，Bonnel设计出一种新的螺纹贯穿针，螺纹刻在针的中段，可牢固把持骨两侧的皮质层，以减少针在组织内移动，这对预防针道感染具有重要意义。

### 2. 灵巧性的改进

Parkhill与Lambotte式外固定支架缺乏灵巧性，主要作固定用，因只能在一个平面改变骨断端的位置。外固定支架最好能随意变换方向，以控制复位和纠正各方向的整复缺陷。1917年Chalier设计出一种能延伸与加压的外固定支架，连接杆是两块叠放的钢板，板上有许多钻孔，通过固定钢板的螺钉夹来调整长度，但能动性亦限于单向。1929年，Ombredanne为儿童骨折设计一种韧性外固定支架，材料是用可变形的轻金属，使用时通过弯曲以矫正各个平面上的畸形，但韧性降低了固定的稳定性。灵巧性的改进，在20世纪30年代有较大的进展。1931年，Goosens设计在针与连接杆结合部安装关节作为可调整的固定夹。1933年，Joly在连接杆上安装关节，这样可以改换两个方向。但是，如果使外固定支架具有整复骨折的功能，最少需要三个方向的自由调整。1934年，R.Anderson设计出能整复骨折的外固定支架，他将贯穿针连接于可活动的金属轭状物上，通过可作多向调整的机械装置进行骨折复位，复位后用石膏包埋钢针固定，以加强固定的稳定性，后来改进无须使用石膏。1937年，Stader（一位兽医）也设计出一种单边式外固定器，可在三个平面进行骨折复位。1939年，Haynes曾设计出类似Stader的外固定支架。

1938年，Hoffmann实现了一项最有影响的改进，他设计出一种万向球形关节装在连接杆上，既可在三个平面上进行复位，也能做进一步矫正。他还用滑动伸缩杆代替固定不变的连接杆，可对骨断端挤压或牵伸，以增加固定的稳定性或恢复肢体的长度。

### 3. 稳定性的改进

加强骨外固定稳定性有以下几种途径。

（1）骨断端之间挤压　骨断端挤压，既可加强固定的稳定性，也有利于骨愈合。1948年，Charnley制成一种加压固定支架，用于膝和踝关节切除加压固定，因能加速骨愈合而在全世界迅速得到推广应用。1956年，Judet兄弟用弹力带捆扎露于皮肤外的钢针，挤压骨断端以加强稳定性，并用于治疗骨不连。现代的外固定支架，大都可对骨断端施行轴向加压。

（2）增加外固定支架部件数量　增加连接杆针的数目来增强稳定性。1951年，Hoffmann的单边半针固定改进为双边式全针固定，稳定性获得明显提高。最典型的是Vidal-Adrey根据力学分析，1970年把Hoffmann外固定支架改进为每边有两根连杆的四边形框架，使固定达到高强度的稳定。固定支架部件增多能加强稳定性，但也存在缺点，如结构复杂、使用不便、体积庞大而沉重。由于骨断端受到高刚度固定而缺乏应力刺激，也是影响骨折愈合的因素之一。

（3）改进外固定支架构型　骨外固定的刚度主要取决于外固定支架的几何学构型。单边式改变为双边式构型，其稳定性有明显加强。Cuendei（1933）创用稳定弓连接固定肢体两侧的连接杆，进一步加强了单平面双侧外固定支架的稳定性，由此还萌生了半环式和全环式构型及多向性（多平面）穿针固定的概念。AO外固定支架可用三角构型实现多向固定。

（4）加大外固定支架部件　单平面式外固定支架几乎都是依靠加大钉的直径来加强稳定性，同在骨折上下骨段分别穿放2 ~ 3根粗钉。钉的直径越大，固定的稳定性越强，但也相应增加骨的损伤。钉的直径超过骨直径的五分之一，穿钉部位将有发生骨折的危险。

## 第二节 外固定支架的分类

外固定支架在不断改进与发展，其型式很多，可按它的功能、构型与力学结构分类。

### 一、功能分类法

#### 1. 单纯固定的外固定支架

从 Parkhill与 Lambotte的外固定支架发展而来的类型，如标准的单平面单侧 Judet外固定支架，固定前先要整复骨折，骨折整复对位后再行安装外固定支架。

#### 2. 兼备整复和固定的外固定支架

如 Hoffmann外固定支架与改进后的 Anderson外固定支架，固定后能进行复位和必要的再调整，以纠正轴线偏差。但是，这类外固定支架均不够理想，主要是灵巧性较差。

### 二、构型分类法

按外固定支架的几何学构型，现代的各种外固定支架可归结分类为以下七种类型（图1-2）。

### 1. 单边式（亦称半针或钳夹式）

这是最简单的构型，如标准的Hoffmann、Judet和Wagner外固定支架类型。其特点是螺钉仅穿出对侧骨皮质，在患肢一侧用连接杆将裸露于皮肤外的螺钉连接固定在一起。

### 2. 双边式（亦称全针或框架式）

钉贯穿骨与对侧软组织及皮肤，在肢体两侧各用1根连接杆将钉端连接固定，如Charnley、Anderson与AO双边式外固定支架均属这种类型。

### 3. 四边式（亦称四边形框架式）

这是Hoffmann外固定支架复杂的组合，其特点是肢体两侧各有两根伸缩滑动的连接杆，每侧的两杆之间也有连接结构，必要时再用横杆连接两侧的连接杆。Vidal- Adrey外固定支架为其代表。这种外固定支架的稳定性最好，但调整的灵活性也最差。

### 4. 半环式

现代的半环式外固定支架特点是可供多向性穿针。半环上安放钢针固定夹子，Fisher外固定支架的钢针夹主要是安装在螺杆上。这类外固定支架有牢固可靠的稳定性，特别适用于严重开放性骨折和各种骨不连及肢体延长。

### 5. 全环式

这种类型外固定支架是用圆形套放于肢体，可实施多向性穿针固定，但不及半环式简便。美国Kronner用可透过

X射线的高强度碳纤维代替金属环，固定的稳定性和使用的钉与连接杆数目有关。

### 6. 三角式（亦称三边式）

可供2～3个方向穿针，多采用全针与半针相结合的形式实现多向性固定。AO三角式管道系统为其代表。Vidal在他设计的四边形框架基础上于矢状面加放第5根连接杆与半针固定，而成Vidal三角式外固定支架，从而加强了抗前后弯屈力。

### 7. 其他类型的外固定支架

在上述类型作为基本框架的原则下，目前还有泰勒空间外固定支架等。

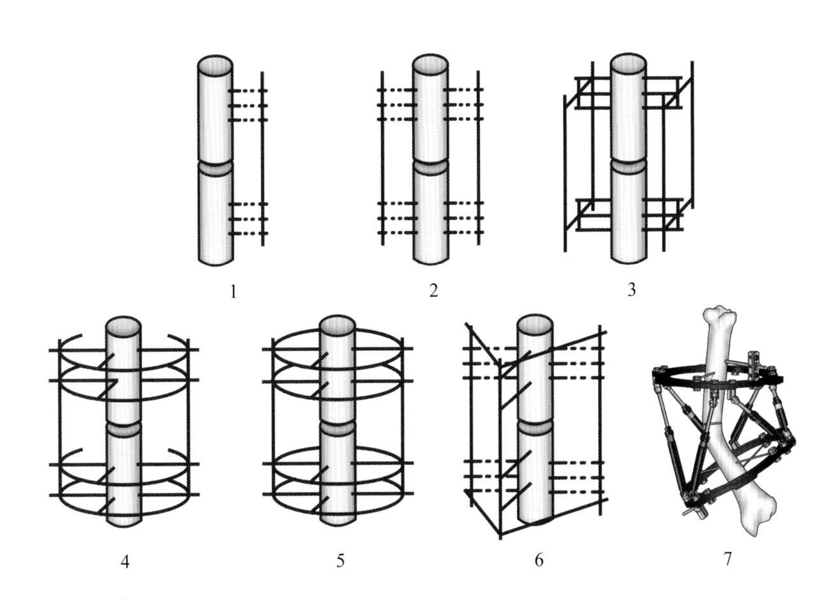


图1-2　骨外固定支架七种几何学构型

1—单边式；2—双边式；3—四边式；4—半环式；5—全环式；6—三角式；7—泰勒空间外固定支架

## 三、力学结构分类法

外固定支架的几何学构型是其力学性能的主要因素，基本反映了固定的牢固程度，即固定刚度。但就其力学结构的稳定性而言，目前使用的各种外固定支架，可简要地分为以下三类。

### 1. 单平面半针固定型

这类外固定支架是依靠半针的钳夹式把持力保持骨断端的固定，骨断端的受力为不对称性（偏心受力），抗旋转与前后向弯屈力最差，钢针可发生变形或断裂。用于不稳定型骨折时骨折端易发生再错位。但这种单平面单侧外固定支架有结构简单、使用方便、固定胫腓骨和桡骨远端骨折不穿越肌肉等优点。为加强固定的稳定性，骨折上下骨段至少需要各穿放螺纹钉2 ~ 3根，以增加在骨内的把持力。

### 2. 单平面全针固定型

这类骨外固定是将钢针贯穿骨与对侧软组织，肢体两侧有连接杆将钢针两端固定，骨断端的受力呈对称性，和单平面单侧固定相比较，固定的稳定性有所加强，但抗前后向弯屈力与扭力的能力仍差，用于肢体牵伸延长时，可发生骨端旋转与成角畸形。全针固定的缺点是，钢针穿越肌肉而影响邻近关节的活动，灵活性也不及单平面半针固定。

### 3. 多平面固定型

半环、全环与三角式构型的外固定支架可提供多向性穿针固定，有良好的稳定性。多针固定时，每对针相互交叉呈一定的角度，即构成多平面固定型。穿针可用全针或全针与半针相结合的方法。这类外固定支架的缺点，主要是体积庞大、结构较复杂和笨重。

Judet介绍用两只单平面半针外固定支架构成双平面半针固定法，即与单平面呈60° ~ 120°角，再安放第二个单平面半针外固定支架，然后用横杆将两个连接杆相连接，固定牢稳可靠，可控制冠状面、矢状面及旋转活动。连杆与针或钉的数目增多，固定刚度会相应增强，但应力遮挡效应加大，将影响骨折的愈合。

## 第三节 外固定支架的现代概念及骨外固定支架的设计要求与未来

### 一、外固定支架的现代概念

外固定支架是在曲折的发展过程中不断完善的。在第二次世界大战前夕和大战期间，外固定支架的研制有过迅速的发展，并在火器性骨折的处理中有过较广泛的应用。但在战争后期和战后，因固定缺乏稳定性和针道感染等并发症问题而评价不一。1950年，美国骨科医师学院和骨折与创伤外科委员会通讯调查395名医师，25%的医师给予积极评价，29%的持否定态度，其余的人说曾用过一段时间而后来未继续应用。结果规定，使用外固定的医师，须在至少有200例治疗经验的医师的特殊训练和监视下，才能单独使用这种方法。这种相当严格的规定，导致美国及其他一些地方应用其方法显著减少，几乎使骨外固定在北美的发展受挫20年。但是，骨外固定的主要优点，早在20世纪初就已被认识，苏联和一些国家，主要是讲法语的国家仍继续发展。例如，Hoffmann（1951）将他单平面半钉改进为双边式全针固定，1954年研制成多向性全针环式外固定支架。临床上，Judet和Muller（1956）用加压外固定支架治疗骨不连。

从20世纪70年代开始，骨外固定进入崭新的发展阶段。首先是Burny（1965）与Vidal（1970）对骨外固定工程学及生物力学基础的研究，对促进这种疗法的复兴起了积极的推动。骨外固定重新得到重视和发展，同时还和严重开放性骨折与多发伤病人显著增加及显微外科的进步有关。用传统方法处理这些病人常有困难。在提高伤员早期存活率修复组织破坏严重的肢体方面，骨外固定显示有更多的优点。在这种背景下，外固定支架的设计制造和应用技术日益完善，并成为公认的治疗骨折的方法之一。

在20世纪70年代后期，骨外固定在概念和临床应用方面开始出现新的发展。例如，Vidal（1977）提出用韧带牵伸整复固定术（图1–3）治疗关节端粉碎性骨折，即在骨折端两侧骨上亦穿针，通过强力牵伸韧带与关节囊等软组织，使骨折复位固定。基于骨折愈合需要应力刺激的生物学理论，Burny（1979）提出了弹性外固定的概念，同时介绍外固定结合少量内固定（螺钉、钢丝或钢板）以增强单平面半钉固定的稳定性，特别是抗断端间活动与前后向弯曲。Boltze（1978）和Evans（1979）分别报道钢针预应力处理与最外侧的钢针向骨断端成角，可显著提高钢针固定的刚度（图1–4）。上述技术改进，可加强钢针固定的刚度，有利于提高骨外固定的治疗效果。目前，骨外固定已大量应用于临床，对多发骨折、有严重软组织伤的开放性骨折、感染性骨折、骨不连与感染性骨不连的治疗特别有价值。外固定支架的发展，也是促进关节切除融合术，截骨矫形术和肢体延长术疗效提高的重要因素。

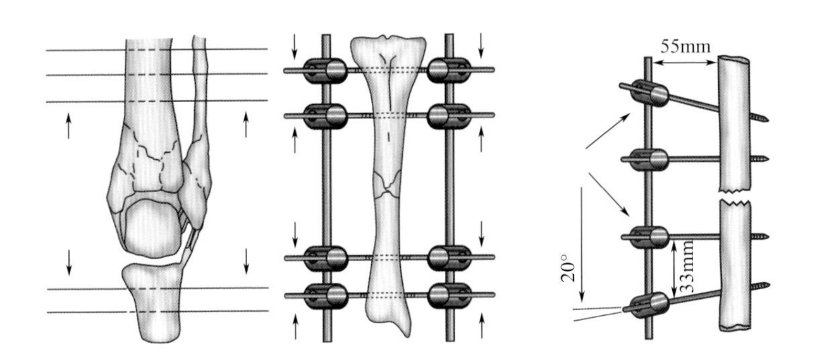


图1-3　韧带牵伸整复固定术　　图1-4　提高钢针固定刚度的方法



## 二、骨外固定支架的设计要求与未来

目前，国内外有很多型式的骨外固定支架，但任何一种型式的外固定支架，在结构上都包括钢针、钢针固定夹和连接杆三种基本部件。钢针是外固定支架和骨唯一的联系，是通过钢针形成骨外固定系统。设计外固定支架时，应考虑下列基本要求。

### 1. 固定的稳定性

固定的稳定性是外固定支架的“生命”。良好的稳定性是现代外固定支架的最基本的要求，既要能够牢稳地保持骨断端在所需要的位置上，同时又要能保证患肢进行早期功能锻炼。固定的稳定性主要是由钢针和连接杆所构成的几何形状所决定。因此，结构设计最好兼顾到可供多向性穿针的需要，以及能根据骨愈合进程对稳定性进行调整。

### 2. 机械结构紧凑而灵巧

易于拆卸和组装，各结构有相对独立性，可调性大，最好能兼顾到整复与固定两种功能，至少能在术后对骨断端的位置作适当的调整。

### 3. 钢针的生物相容性好且刚度高

用不锈钢制作的钢针有良好的生物相容性，但用增大钢针直径来改善固定刚度仍有许多问题，如增加组织损害、针道感染等。钢针最好不经肌肉穿放。

### 4. 固定后要留有足够的空间

严重开放性骨折日益增多，术后常需再清创、延期或二期修复创面及交换敷料的处理，因此应有足够空隙，以便观察与处理伤口。

### 5. 制作外固定支架的材料选择

为利于功能锻炼与携带，临床要求固定材料坚固而量轻。目前制作外固定支架的材料有铝合金、不锈钢、钛合金钢及尼龙等。钢针以不锈钢为好，钛合金钢质坚硬而重量轻，但材料价格和加工制作费用昂贵。目前我国用不锈钢和硬铝合金较多，这涉及市场价格及主人经济承受能力问题。反复外力作用可导致内固定物折断，故内固定物抵抗能力比强度更重要。与不锈钢相比，钛对单次外力的抵抗能力较低，但对高频反复外力作用的抵抗能力较强。

### 6. 各种功能与适应各部位治疗需要

由于解剖部位差异和治疗要求不同，要求设计多种形式的外固定支架，但其构件要具有通用性，可根据治疗要求组装成多种构型。目前尚无最理想的骨外固定支架，但这些基本要求，应是设计新外固定支架时所必须考虑的因素。骨折愈合不仅需要牢靠稳定的固定，同时也需要应力刺激，而对固定的牢固性要求亦非始终如一，在骨折初期需要坚硬固定，但在后期又需弹性固定。骨外固定也存在应力遮挡问题，高刚度的骨外固定亦影响骨断端间的应力传递。因此，深入了解骨外固定支架的生物力学性能及其刚度调整方法，显然将有助于提高治疗效果。近年来的实验，已开始在固定杆或钢针安放微型传感装置，用以研究分析固定刚度、应力分布及监控骨折愈合情况等，可能在未来的外固定支架上装配传感系统，在治疗过程中通过实测的数据更合理地使用骨外固定支架。

# 第二章

# 骨的功能适应性与骨折治疗的弹性固定准则

## 第一节 骨的功能适应性

千万年的自然选择使骨成为相应环境下的最优结构。它不仅在某些不变的外力环境下显示出其承载的优越性，而且在外力环境发生变化时通过内部调整，也可以以有利的新结构形式来适应新的外部环境。

### 一、Wolff定律及其可能作用方式

骨的结构受着三种因素控制，即遗传、激素活性及载荷。1638年，伽利略首先发现负重与骨形态间的关系。1834年，Bell指出骨可以使用尽可能少的材料来承担载荷。1838年，Ward报告增加压缩载荷可以增加骨的形成。1852年，Ludwig论及重力和肌肉力对维持骨的质量是必要的。1862年，两位德国学者各自独立地报告了加压对骨生长的

影响。1867年，瑞士 Herman Von Meyer教授报告，骨的内部结构和外部形态一样，与其所承受载荷的大小及方向有直接关系。

在这一历史时期，德国医学博士 Jniius Wolff在前人工作基础上，总结了他30多年工作中的经验、体会和临床观察结果，1892年提出了关于骨变化定律：骨的功能的每一互变都与数学法则有一致的内部结构和外部形态的变化。1895年，Roux提出了骨生长的最小–最大原理，据此他认为松质骨应具桁架结构。Evans总结了大量临床经验，提出压力能刺激新生骨的生长，是骨折愈合的一个重要因素。Pauwels对 Roux原理做了理论证明，Kummer则根据优化原理算出了股骨头三维桁架结构和观察结果一致。20世纪70年代后期，Hayes等关于骨的应力分析和实验表明，骨小梁结构确实是按最小正应力法线方向排列的，从而为 Wolff定律提供了理论证明。

为了对骨的生长、修复和塑形作出深入研究，一些学者探讨了 Wolff定律的反馈机制，认为机体可能通过四种方式对载荷作出动态响应，即载荷可能由骨胶原、骨矿物质、骨细胞外液或骨细胞自身来感受。

## 二、骨对应力的适应性

功能性适应这个术语，是用来描述如下能力的：当需要增加时，增加它们完成其功能的本领。活体骨是不断地进行着生长、加强和再吸收过程的，这些过程总称为骨的重建。活体骨中重建的目标是使骨其总的结构适应于其载荷环境的变化。

Frost（1964）对表面重建和内部重建之间曾作了如下

的区别。表面重建指的是在骨的外表面上骨材料的再吸收或沉积。Currey（1960）曾详细描述了骨表面上新板层骨片的沉积过程。内部重建指的是通过改变骨组织的体积密度时骨组织内部的再吸收或加强。在松质骨里，骨小梁在不同程度上变得数目很多，并且它们的厚度可以是变化的。在皮质骨内，内部重建是通过骨单位的板层骨片直径改变和骨单位的全部置换而发生的。Kazarian与Von Gierke（1969）的研究很生动地说明了松质骨的内部重建。在他们的研究中，把16只雄罗猴放在整个身体的模子里固定60天。另一组16只雄罗猴用作对照组，允许它们尽可能在一个笼子里自由运动。把不动的猴与对照组猴的骨组织的结果相比较表明，不动猴的骨组织有可观的吸收现象。骨组织的力学试验也反映了不动猴的再建损失现象。

通过施加轴向和弯曲载荷，可引起动物腿骨的表面重建。Woo等（1981）曾指出，增加猪的体力活动量（缓慢走动），可使腿骨的骨膜表面向外移动和骨内膜表面向内移动。Meade等（1981）用一个植入弹簧系统沿狗股骨的轴施加一恒定的压力，横截面积会随着所施加的压力增加而增大。Liskova与Hert（1971）曾指出，施加在总的胫骨上的间歇性弯曲，可使骨膜表面向外移动。表面重建也可以通过减小动物四肢上的载荷而在动物的腿骨上引起。在Uhthoff与Jaworski（1978）以及Jaworski等（1980）的两个研究中是把小猎兔犬的前肢固定。Uhthoff与Jaworski(1978)的研究中，使用的是幼龄猎兔犬，发现其骨内膜表面没有什么移动，但是在骨膜表面发现有大量的再吸收。但对老猎兔犬的研究中（Jaworski等，1980）则观察到骨膜表面没有什么移动，可是在骨内膜表面上有大量的再吸收。

应指出的是，骨或器官对应力的适应，不是只能适应其一种功能，只符合一种功能态的优化结构，而是适合多种功能。骨的形状是很复杂的，因为它要适应多种功能，不管是冲击力还是持续力或者周期力，而且可以是拉伸、压缩、剪切、扭转、弯曲的综合作用，骨的功能适应性应是对多种功能而言的，它是符合综合优化设计原理的。

## 三、适应性及骨折治疗中的生物力学原理

生命的一个基本特征就是，不管外界环境有怎样的变化，在生物体内部都要保持稳定性和连续性。但它并不是消极地、一成不变地维持，而是通过对环境变化的适应来实现。

生物体同环境间的相互作用是一个广泛而深刻的课题，生物对环境变化持续时间的长短及所受刺激程度的强弱以不同方式反映于环境的变化。生物组织的每个水平上都存在着复杂的内部调节系统，它们具有来自活物体本身各部分和来自环境的错综复杂的反馈系统。生物体就是依靠这种伺服机构用以维持系统的稳定状态，并使之适当地变化，以应付所遭受到的内部和外部的应激。这正像一个稳定的力学系统，在受到小的干扰后通过一系列约束所允许的适应性运动而恢复到稳定的力学状态。把这样一个广泛的适应性原理用于骨折愈合的研究同样是适用的。

骨折及创伤对于动物本身的内环境的稳定带来了破坏和失调，应激的本能使之调动一切因素来对破坏的平衡进行调整，有全身性的反应，如失血后选择性血管收缩、激素分泌超常、交感神经代谢元亢进等，而反映在骨折局部，

则是发生原始性骨痂形成阶段，它一般不受外界环境的影响。但这个过程持续时间不长，原始骨痂的形成也只是从数日到2 ~ 3周。我们称这种适应现象为原始短周期应激适应。

但在原始骨痂形成后，进入骨修复、塑形阶段，就已经很少表现出“应激反应”中出现的各种现象和体征。此时骨修复过程表现出的适应性，与其说是原始应激适应的持续，毋宁说是一种新的功能适应过程。诚如前面所述，这个过程与外界环境关系极大，我们可称之为继发性长周期功能适应。

这两种适应性的机制是不一样的，尽管具体机制还不很清楚，但仍可形象地说，前一种适应过程的反馈路线是自体封闭的，它与外界环境无关，我们对它只能因势利导，而不能干预。而后一种适应过程的反馈路线是开放的，与环境有关，从而是可以干预的，正是这种原因，骨折治疗手段的不同会产生不同的修复效果。

骨的功能是躯体的支架，承受载荷，维持运动，因此，作为活器官的骨对于应力是敏感的，正像前面所叙述的那样。骨以其形态、结构、密度分布等充分适应应力分布，骨对应力适应的反馈系统，现在虽然还不清楚，但所有这些表现又无非是对应力变化作出的反应。也可以认为，是连锁反应中的二级效应。从生物力学观点看，是一个力学状态控制了骨的生长和吸收。可以期望用应力状态对骨的变化作出定性及定量的描述，甚至可以期望引进广义的“势”的力学概念对适应性进行描述。因此，骨修复过程中的生物力学原理是：充分利用功能情况下的力学状态去控制骨修复，而不要去干扰，甚至破坏骨应承受的力学状态。

## 第二节 骨折治疗的弹性固定准则

骨折是多发病之一，长期以来对骨折的治疗就具有不同的观点和方法。方法的好坏在于观点是否更接近客观规律，它的唯一检验标准就是临床实践。具体地说，主要是由骨折愈合质量和愈合速度来验证。采用什么样的治疗方法，即骨折医疗器械及各种器具的设计和使用是由医疗观点决定的。医疗观点是骨折治疗的基本出发点。

20世纪50年代以来，国内外学者逐渐扬弃了Thomas等对骨折治疗实行“完全休息，绝对固定”的治疗观点，积极改进了骨折内、外固定方法，发展和完善了AO技术、功能支架技术、穿针外固定技术及夹板局部外固定等。这些疗法的广泛应用，逐步加深了对骨折治疗的认识，使骨折固定概念发生了深刻变化。小动物在生理上和人生理有很多方面相似，所以对于小动物医学有很重要的参考意义。

加压钢板技术（AO）是建立在骨折一期愈合的理论基础上的。1886年，Hansmann最早使用钉板固定骨折，继而Lane（1894）和Sherman（1912）加以推广应用，由于钢板强度和电解问题影响了疗效。Venable应用不锈钢材料解决了电解问题，又加用石膏外固定以增强钢板固定效果，从固定的稳定性来看，比前者进了一步，但也把钢板内固定和石膏外固定的缺点结合在一起了，迫使寻求新的固定方法。

1948年，Egger首先使用滑槽加压钢板、20世纪60年代，Muller等提出了系统的骨折加压固定理论和方法。解剖复位、坚强固定和早期活动的原则改变了切开复位治疗骨折的意义。他们认为，加强内固定可以完全恢复骨的原形，使骨折部位及相邻关节能立即进行主动活动，使骨折端直接愈合而无须形成外骨痂。

加压钢板对于维持骨折端的解剖位置，允许患者早期活动，无疑是好的疗法。但随着时间的推移，临床经验的积累，加压钢板固定治疗骨折的缺点，也越来越被人们所认识。近年来，对其以下三个方面提出了改进措施。

（1）继续使用加压钢板，但改进取出钢板时间。Braden等（1973）和Noser等（1977）在动物实验中发现，术后10周，加压钢板组的扭转强度只是对照组的39%，9个月后只达到对照组的66%。Slatis（1980）也建议，一旦骨折愈合后，即尽早取出钢板，以免影响骨的塑形。在临床病例中还有发生因为钢板强度高、留置时间长而发生骨吸收的情况。

（2）使用生物降解材料做内固定器材。生物降解材料可随时间推移逐渐降低刚度。在骨折早期可获得坚强固定，在骨折愈合过程中，固定材料的刚度降低，使骨折端修复沿正常功能态改进。

（3）低刚度的骨折内固定系统。提出对以前方法从两个方面加以改进，即降低内固定钢板的刚度和改进钢板设计。

Hey Groves（1818）提出了髓内固定骨折的概念。Kuntscher（1940）发明了U形截面髓内针，并很快加以推广。其原则是增强骨折块间的稳定性，在骨折处传递载荷，维持解剖位置至骨愈合。

Uhthoff和Finnegan使用内固定装置后，骨折端的允许活动度将内固定分成刚性和非刚性两类。刚性固定是有静载荷而在动载荷下断端相对静止，如前述的加压钢板固定。非刚性固定没有静载荷，而在动载荷下断端压缩和分离交替出现，大部分髓内固定可看作是非刚性固定。由于在动载荷下断端存在明显活动；所以用髓内针固定在愈合过程中有外骨痂形成。在外骨痂不断形成过程中达到骨折愈合。近年来，髓内针的设计出现了多种几何形状的截面，不同长度和尺寸以及连锁装置和手术技术的改进，使其适应证范围不断扩大。

髓内固定方法还存在一些技术上的困难和力学上的问题。髓腔的解剖结构限制了某些髓内针的植入，扩大髓腔较多地损害了皮质骨的血循环。髓内固定的材料性质及几何形状与骨折固定的力学要求之间还有很多问题有待改进和发展。

一些学者为寻求一种理想的骨折疗法，创造了外固定支架技术。

骨折闭合功能疗法的目的，在于通过功能活动促进组织修复，预防肢体和关节残废。这种方法使骨折在愈合初期就在局部承担一定载荷，随时间推移，承担载荷能力逐渐增强，肢体对支架的依赖程度逐渐降低，骨痂在局部应力刺激下，不断按功能需要修复。但闭合功能疗法不但强调了软组织对骨折的稳定作用，还要对骨折的生物学和力学进行整复。

穿针外固定疗法曾一度受挫，由于伤情日益复杂，医疗设备的改进和普及，使之日渐完善起来。作为手术疗法和保守疗法的补充，在骨伤疾病特点发生显著变化的今天，有其特定的使用价值。它不仅用于骨折治疗，在骨病、矫形、肢体延长、骨不连等方面也有广泛应用。

穿针外固定是介于侵入和非侵入方法之间的一种方法。

它将复位后的骨折端保持其几何位置相对不变，形成一新的空间稳定体系。若忽略针与骨折端的微小变形，其稳定与否可用结构的几何构造分析判定，要求结构是几何不变的，且无或较少有多余联系，以便达到既保持稳定固定、结构简单，又较少功能替代，并能使骨折端获得生理应力，但仍存在不少问题，应力求达到结构优化、定量控制、满足骨伤生物力学理论要求。

夹板局部固定法在治疗脊柱骨折、关节内骨折、陈旧性骨干骨折等方面有一定的作用。夹板设计的改进、材料选择、夹板及布带的力学特性、夹板固定对骨折愈合影响、布带张力对肢体血运的影响等方面，出现一批新的研究成果。夹板局部外固定，是通过布带对夹板的约束力，夹板对肢体的分布力，压垫对骨折端的效应力，夹板、肢体、布带间的摩擦力及肢体肌肉协调活动产生的内在动力，使骨折远、近端处于新的相对平衡状态。夹板固定遵循“动静结合，骨与软组织并重，局部与全身兼顾”的原则，把功能活动不仅看成是骨折治疗的重要手段，还把骨折的整复、固定和功能锻炼有机结合起来。夹板局部固定骨折疗法还存在一些问题有待研究和解决。

上述各种固定方法，既有其突出的优点，也有一些欠缺，在使用时，应根据病情进行选择。目前，在伤情日益复杂、骨折治疗标准逐渐提高的情况下，对骨折固定方法的选择越来越严格。尽管骨折治疗方法多种多样，但从生物力学观点看，在下面的问题上，人们意见较为一致。即理想的骨折固定方法应是：维持理想的骨折对位至骨折端愈合，适合不同愈合时期骨折端应力状态需要，不干扰骨折处的髓内外血运，动物在整个治疗期间，便于活动和护理，得到骨折愈合与功能恢复并进的效果。

各种疗法在骨折治疗上均有其优点，也存在不足之处。我们在总结各种疗法的优缺点，并在大量临床观察和部分动物实验基础上，从生物力学观点出发，根据骨生物力学基本原理，提出了骨折治疗中应遵守的一些基本原则。它们是衡量骨折疗法是否符合骨愈合规律的标准，也是衡量骨折医疗器械优劣，设计或改进骨折医疗器械的依据。我们称之为弹性固定准则。该准则主要包含以下三项内容。

## 一、固定稳定

固定是指将复位后的骨断端，保持其几何位置相对不变，所以如忽略骨折端的微小形变，所谓固定稳定是指使骨折远、近端与医疗器械构成几何不变体系。因而，固定稳定与否多数情况下，可用几何构造分析方法制定。好的医疗器械应该是骨折端与器械既能构成几何不变体系，又没有较少或有多余联系。多余联系虽然可增强固定稳定，但往往带来一些问题，如结构复杂、提高造价、要求技术条件高、维修困难、损伤组织多甚至有功能替代等。

固定既要保持复位后骨折位置，又要为功能活动创造条件。有效的固定，是进行功能活动的基础，而功能活动又是骨折治疗的目的和手段。若固定不稳，不但不能发挥功能活动在骨折治疗中的促进作用，还会导致骨折再移位，引起骨折畸形愈合、延迟愈合，直至不愈合。固定与功能活动，一般情况下，都应给以足够重视。固定阶段主要是骨折搭接及塑形修复阶段，它是在一个开放的反馈系统中按照功能需要进行的所谓“继发性的长周期功能适应”修复，此时环境的特征即骨所处的力学状态将作为一种信息输入反馈系统，从而调整骨的修复。因此，固定应服从修复的需要。

一个良好的固定，应该是既具有几何上的稳定性，能保持复位的效果，同时又能较少地干扰骨所承受的力学状态。如一个坚强的稳定固定，对骨的正常受力状态有很大干扰，甚至全部功能替代，这不能认为是好的固定，因为骨折端只能得到畸变的力学信息。因此，对固定的要求如下。

（1）器械与骨折远、近端构成几何不变体系。

（2）功能活动时对断端的正常应力分布干扰较小。



## 二、非功能替代

活体骨不断地进行生长、加强和再吸收过程，这个过程总称为骨组织的重建。活体骨重建过程的目标是骨使其总的结构适应于其载荷环境的变化。

长期以来，人们就发现应力调整骨的生长和吸收。一个低应力骨可变得脆弱，而另一个超应力骨同样也变得脆弱，对骨的重建来说，存在着一个最佳应力范围。实验和临床观察说明，在机械应力和骨组织之间存在一种生理平衡。在一定的应力范围内，骨质的增生和再吸收是互相平衡的。应力增加引起骨组织的加强，随应力的减小发生再吸收现象，也就是说，骨组织的量与应力值成正比。

作为生物材料的骨无论在几何形式、空间结构还是强度分布及密度分布上都是与应力状态相适应的。骨的功能适应性，不仅表现在几何特征与力学特征上，且在骨组织的成分上也表现出来。

骨折后的修复过程，必须考虑活体骨的上述性质，以保证修复后的骨组织满足或接近正常生理功能。

了解及预言用来控制活体骨修复过程所需的应力，对于合理设计骨折医疗器械是颇为重要的。因骨折治疗中骨组织将在新的环境下按照其应力分布进行修复，器械设计不合理或使用不当，就有可能使修复后的骨组织在某种意义上是较脆弱的，以致骨折治疗失败。

综上所述，骨折治疗过程主要是骨桥搭接及塑形修复阶段，它是在一个开放的反馈系统中，依照功能需要进行的所谓功能适应性修复。骨折端的固定系统，即骨折处的力学状态，将作为一种信息输入反馈系统，从而调整骨的修复，使骨断端形成新的骨结构并接近正常功能状态。所以，在骨的生长、修复过程中，必须给它创造有益于恢复正常功能的环境和条件。

## 三、断端生理应力

由上述可知，骨的生长、发育和再吸收与所受应力的大小直接相关，这已被大量实验和临床实践所证实。遭到破坏的活体骨，骨折端的愈合速度和质量与应力的关系也是目前人们十分关注的问题，骨折端适中的应力刺激能促进骨折愈合，也已为大量临床和动物实验所证实。问题是应进一步建立有效的实验方法，阐明愈合机制。作为生物材料的活体骨一旦遭到破坏，在生物体内有自行修复的能力。断骨的修复过程，即恢复正常功能的速度和质量与断端所受应力水平有关。我们把可加速骨折端愈合速度，提高愈合质量的断面应力，称为生理应力。生理应力值构成一个区间，且在该区间内应存在最优值。生理应力分为恒定的和间断性的。恒定生理应力多是由器械加载产生的，它可增加断面间的摩擦力，增加固定稳定性，缩小新生骨细胞的爬行距离，而间断性生理应力目前则多是由功能锻炼、肌肉内在动力产生的，一般并非周期性的，它可促进局部血循环，激发骨折端新生骨细胞增长。这种分法不仅是客观存在的，也是研究和临床上所需要的。一般所谓生理应力是指两者叠加。尤其间断性生理应力，对加速断面愈合，提高愈合质量颇为有益。在不同治疗阶段，生理应力概念也有差别，临床初期，主要表现为断面法向压应力，中、后期拉力、压力、剪力，对骨断面的修复和改建都是有益的。这与骨的功能适应性有关，即骨的结构与功能相关，骨的结构正反映了它的生物力学功能特性。生理应力观点在治疗骨折中已得到广泛应用，并取得较理想的疗效。但由于它的复杂性，对它的研究和应用还处于初始阶段。这个观点无论在实践上还是理论上仍需深入研究。这一工作的完成，对生理应力值区间和最优值有了确定，使骨折愈合可以通过各种不同医疗方式在最理想的情况下加以电脑控制，使愈合达到最完善程度。

以上提出的便是在骨折治疗中应遵守的三条基本原则。之所以称为弹性固定准则，是由于只有在弹性固定条件下才能实现。应注意弹性固定只是它们的必要条件。弹性固定准则是初步的、探索性的、有待生物力学基础理论的发展和更大量的临床实践与实验去验证并不断完善的准则。

除上述三条基本原则外，还有不少其他衡量疗法优劣的标准，如要求操作简单、少影响活动、不影响血运、要求技术条件低、便于护理、对骨及周围组织损伤小、主人乐于接受等。弹性固定准则只是作为骨折治疗中应遵循的基本原则，或者说是衡量骨折治疗方法优劣的基本标准。

第三章

# 外固定支架的生物力学基础及其对骨愈合的影响

骨折，截骨术或关节融合手术所形成的骨断端，可借助外固定支架的机械作用作相对移动、维持排列和对骨端间进行加压或牵拉，从而达到整复骨折、矫正畸形、骨折固定、促进愈合或肢体延长的目的。上述骨端间的位置调整以及调整后的骨折愈合形式，都与外固定支架的生物力学性能有关。本章将讨论外固定支架的生物力学基础以及在外固定支架所提供的力学环境下骨愈合的形式和特点。

## 第一节 外固定支架的生物力学基础

多年来，有关骨折愈合和骨改建的生物力学和组织形态学研究表明，骨折愈合类型和骨改建的进程，主要与骨折固定方法和固定器材有关。其中十分重要的因素之一，是固定装置的刚度。刚度是构件抵抗变形的能力，用弹性模量表示。固定装置的刚度愈大，该装置在载荷下的变形量就愈小，其骨折固定作用就愈坚硬。如果将外固定支架与骨组成的复合系统看作一个整体，那么这个复合系统的总体刚度主要取决于外固定支架的内在稳定性和骨断端间的稳定性。

## 一、外固定支架的内在稳定性



虽然各种类型外固定支架在外形上有很大不同，但就其基本结构来说，主要由两部分组成：①固定针，构成外固定支架与骨骼的连接；②固定杆，连接各固定针以形成一个完整的固定系统。由这两部分组成的外固定支架的内在稳定性，一般可用刚度来表示，而刚度主要取决于外固定支架的几何形状和材料性能。

### 1. 外固定支架的几何形状

通过固定针与固定杆的各种组合，可设计出不同类型的外固定支架。目前从生物力学上可概括归类为四种基本几何形状的外固定支架，即单平面单侧、单平面双侧、双平面单侧和双平面双侧外固定支架（图3-1）。

一般来说，单平面单侧外固定支架的稳定性低于单平面双侧外固定支架。前者在轴向加载时，由于单侧非对称性承载，固定针和固定杆可发生明显变形（图3-2）。单平面双侧外固定支架在轴向加载时，虽然固定针可发生变形，但由于固定杆上的应力呈对称性分布，故其变形较小。无论是单平面单侧或双侧固定支架，当安装在冠状平面时，其对抗矢状平面即前后方向移位的能力很差，且几乎没有抗扭转能力（图3-3）。

在单平面外固定支架的另一个平面上增加固定针和固

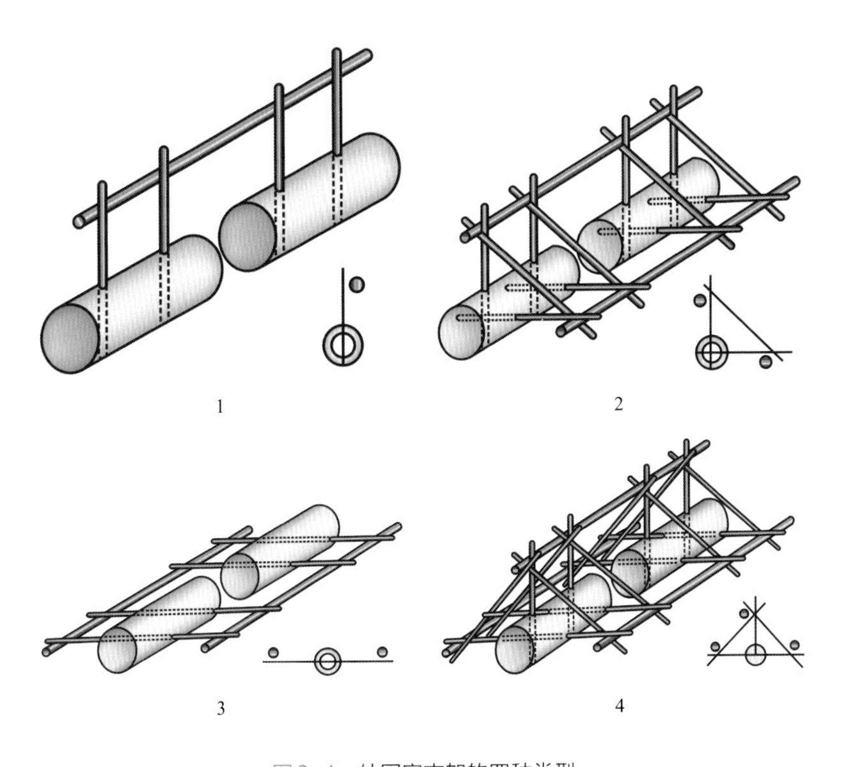


图3-1　外固定支架的四种类型

1—单平面单侧；2—双平面单侧；3—单平面双侧；4—双平面双侧

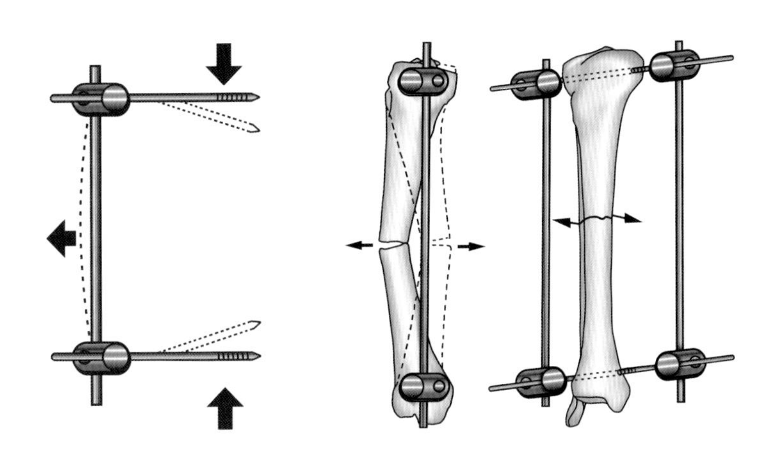

图3-2　单平面单侧外固定支架在轴向受载时固定针与固定杆均可发生较大变形

图3-3　单平面外固定支架对抗角与扭转的能力很差，特别是固定针数少时

定杆，就形成双平面外固定支架。后者的稳定性，特别是前后方向的稳定性得到很大程度的提高。单平面单侧外固定支架的刚度仅为完整胫骨刚度的（28±2）%，而双平面单侧外固定支架则为（113±9）%，双平面外固定支架的弯曲和扭转刚度均明显高于单平面外固定支架（图3–4）。

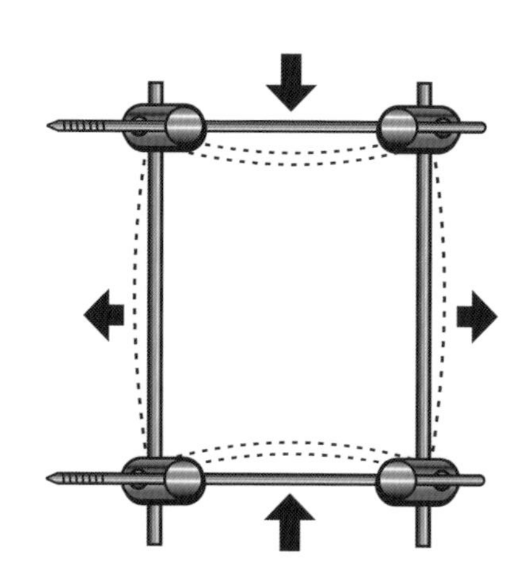

图3–4　单平面双侧外固定支架在轴向受载时变形量较小

对上述四种基本几何外形的外固定支架在轴向压缩、前后弯曲、侧向弯曲和扭转情况下的刚度进行比较，结果发现双平面外固定支架在四种情况下的刚度均高于单平面外固定支架，而前者固定针的最大应力均低于后者（图3–5）。

## 2. 外固定支架的材料性能

目前外固定支架的材料，一般采用不锈钢、铝合金、碳纤维、钛合金等，不锈钢的弹性模量和比重均大约为铝合金、碳纤维、钛合金的1倍。研究发现，采用不同刚度材料制成的外固定支架，具有不同的刚度。而采用钛合金固定杆能明显减轻外固定支架的重量，对外固定支架的总体刚度却影响很小。

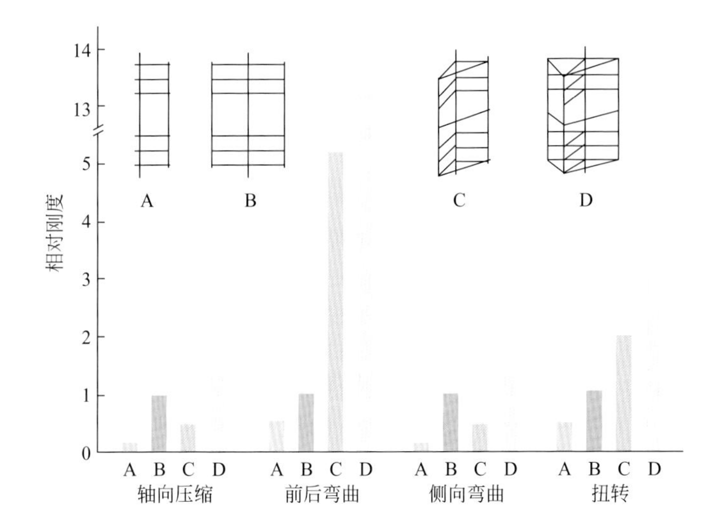


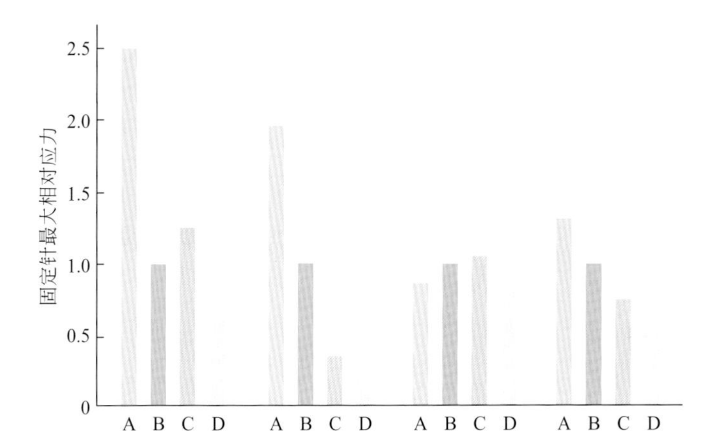


图3-5 四种不同外固定支架在不同载荷下的相对刚度（上图）和固定针最大相对应力比较（下图），均为与标准Hoffmann-Vidal外固定的相对比较值（引自Chao EYS，1982）

## 二、外固定支架-骨复合系统的应力传递

外固定支架与骨骼连接后，即形成外固定支架-骨复合系统。该系统的总体刚度，除取决于外固定支架本身外，

还取决于骨断端间的力学稳定性。

### 1. 骨断端间不相互接触的应力传递

如骨断端间不相互接触，则外固定支架–骨复合系统的稳定性主要取决于外固定支架本身的刚度。单平面单侧外固定支架在这种情况下承受辅向压缩载荷，将发生明显变形，骨断端间发生成角移位（图3–6）。而单平面双侧外固定支架在同样载荷下虽也可发生变形，但不发生成角移位（图3–7）。

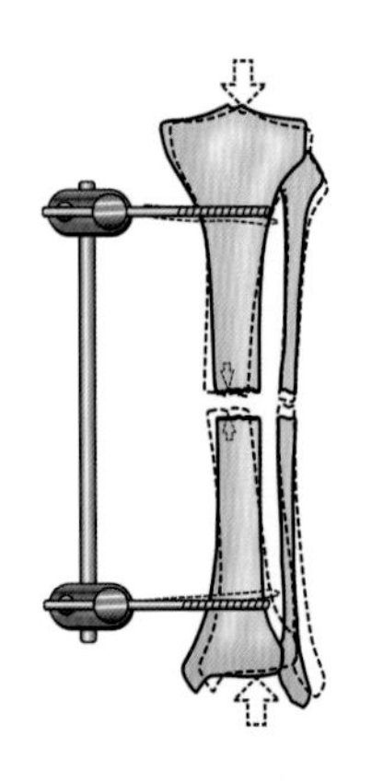

图3–6 骨断端不接触，单平面单侧外固定支架固定，负重后载荷全部由固定夹承担，变形量大并有成角移位

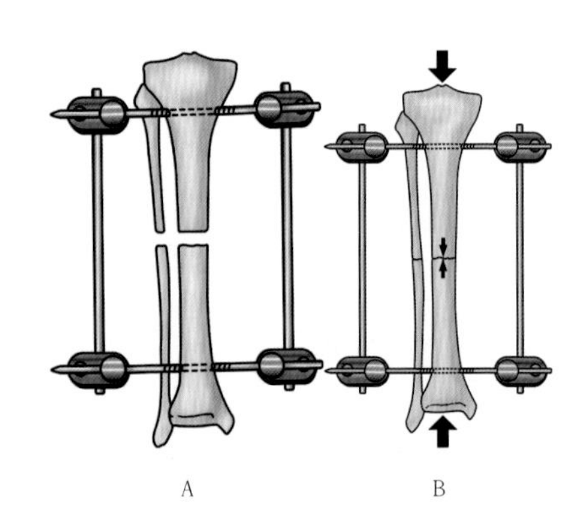


图3–7 骨断端不接触，单平面双侧外固定支架（A）在载荷下可发生变形，但不发生成角位移（B）

骨断端间不相互接触时，应力几乎全部经固定针传递，可导致固定针变形，甚至断裂，这种情况特别是在采用单平面单侧固定时容易发生。

### 2. 骨断端间相互接触的应力传递

骨断端间相互接触时使用外固定支架，应力大部分由骨骼传递，其余由外固定支架承担。在轴向压缩应力作用下，骨断端吸收压缩应力，外固定支架变形不明显（图3–8）。但在承担轴向拉伸应力时，单平面双侧外固定支架可发生变形，骨断端间可出现分离移位。单平面单侧外固定支架可发生明显变形，骨断端间出现分离和成角移位（图3–9）。

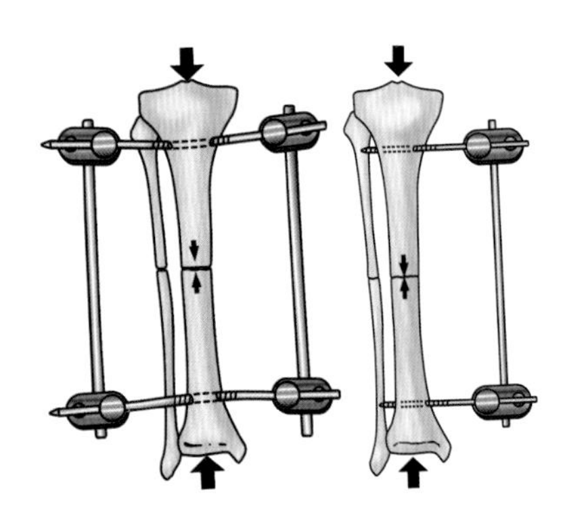

图3–8　如骨断端相互接触，在轴向载荷下单侧或双侧外固定支架均不发生明显变形

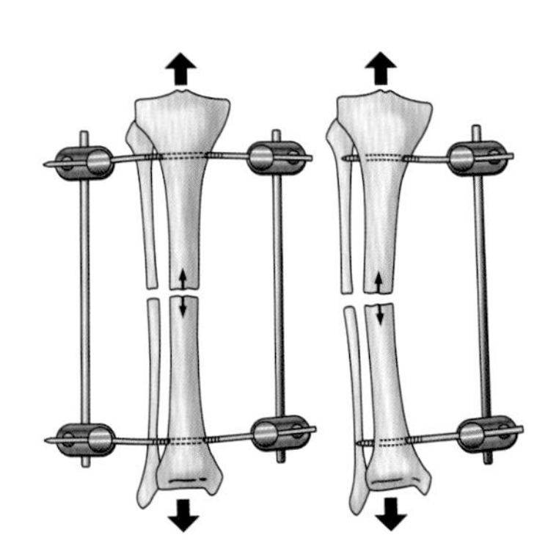

图3–9　在轴向拉伸载荷下，即使骨断端本来相互接触，仍将出现分离移位，单平面单侧固定还将伴有成角移位



### 3. 骨断端间加压接触的应力传递

使用外固定支架对骨断端间施加压力时，外固定支架与骨骼形成预应力复合系统：骨骼传递压缩应力，而金属外固定支架传递拉伸应力。在轴向负载下，全部压缩应力由骨吸收。当外固定支架承受轴向拉力时，只要拉伸应力不超过预应力，外固定支架不发生变形，骨断端间也不发生移位（图3–10）。

图3-10　以单平面双侧外固定支架作加压固定，骨断端受到持续压力（A），负重时骨端压力增加（B），当牵伸载荷与外固定支架压力相等时，骨断端的压力被抵消（C），以单平面单侧外固定支架作为加压固定时可获得同样结果（D和E），如牵伸载荷与外固定支架压力相等，骨断端压力被抵消，但不发生变形（F）

## 4. 固定针－骨界面的应力传递

外固定支架与骨相互接触的唯一部分是固定针。当在已连接的骨断端或在完整骨上施加压力时，固定针－骨界面产生静态应力。而当骨断端间由于固定不良而存在间隙时，固定针－骨界面可随肢体的运动或负重而产生周期性动态应力，后者可导致外固定支架－骨复合系统总体刚度下降和固定针松动。

不同几何形状外固定支架在相同载荷下，其固定针–骨界面应力互不相同。在相同载荷状况下，单侧外固定支架的固定针–骨界面应力明显大于双侧外固定支架。在双平面外固定支架中固定针–骨界面应力明显下降，这是因为双平面外固定支架的固定针较多，在相同载荷下，每根固定针分担的应力较小。固定针应力与载荷大小成正比，也与载荷形式有关。轴向载荷下各固定针的应力几乎相同，此时如骨断端有良好接触，针的应力可减少97%。某些载荷状态下，可使固定针承受极大的应力，甚至超过材料的屈服强度，而使固定针永久变形。

## 三、增加外固定支架–骨复合系统稳定性的方法

### 1. 增加固定针的数量

固定针数量从2根增加到8根时，能明显增加外固定支架–骨复合系统在各种负载形式下的刚度，同时也相应地减低固定针骨界面应力。但固定针数量超过8根时，外固定支架–骨复合系统刚度不再明显增加。

### 2. 增大固定针的直径

固定针直径增大，能明显增加外固定支架–骨复合系统的刚度。固定针弯曲刚度与其截面惯性矩成正比。

### 3. 改进固定针的锚固位置

固定针越远离骨断端，外固定支架–骨复合系统越不稳定（图3–11）。固定针之间距离越小，外固定支架–骨复合系统越稳定（图3–12）。

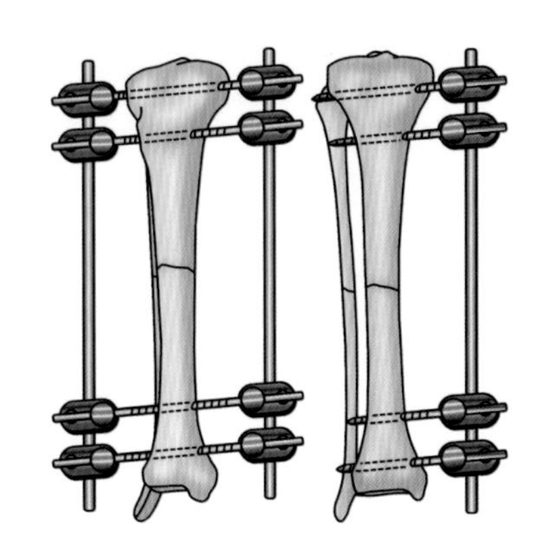

图3-11　不稳定的固定针布局（针与骨断端距离越远，同侧固定针之间相距越近，骨折越不稳定）

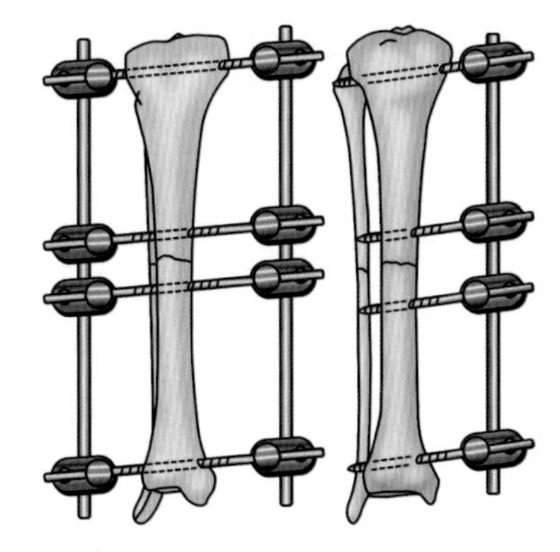

图3-12　稳定的固定针布局（尽可能增加各骨断端固定针的间距而提高稳定性）



### 4. 增加固定杆的数量

增加固定杆数量能增加外固定支架–骨复合系统的总体刚度，特别能增加前后方向弯曲刚度和扭转刚度。

### 5. 改进固定杆的安放位置

减少固定杆与骨之间的距离，即减少固定针的有效长度，能明显增加外固定支架–骨复合系统的刚度。

### 6. 骨断端间加压

对骨断端间施加压力，可增加外固定支架–骨复合系统的弯曲和扭转刚度。这是因为在加压情况下，在骨断端间产生静态摩擦。骨断端间的有力接触能使骨断端间稳定性增加。

### 7. 双平面外固定支架以及环式外固定支架

在单平面外固定支架的另一面上增加固定针和固定杆而形成的双平面外固定支架能有效地提高外固定支架–骨复合系统

的稳定性，特别是能明显增加前后方向的弯曲刚度（图3–13）。

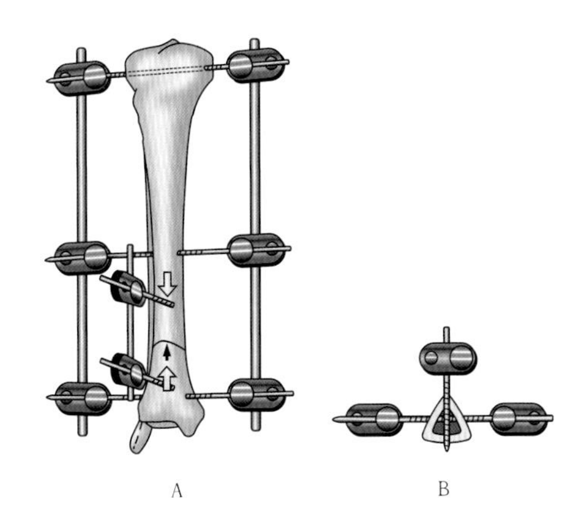


图3–13 联合使用两个外固定支架以固定有一短骨折段的胫骨骨折，通过双平面排列可提高外固定支架–骨复合系统的稳定性（A），B图显示双侧外固定支架与单侧外固定支架的垂直组合关系

## 第二节 不同力学环境下的两种骨愈合方式

骨折（包括截骨断端）愈合是一个相当复杂的修复过程，受到许多因素的影响，其中力学环境直接影响骨折愈合方式，已为大量临床应用和实验观察所证实。目前一般认为，坚硬固定产生骨折一期愈合，非坚硬固定产生骨折二期愈合。

### 一、骨折二期愈合

被固定的骨断端在应力刺激下，通过骨痂的形成和改建而获得愈合，称为二期愈合（图3–14）。二期骨折愈合可分为炎症期、修复期、改建期三个阶段。每个阶段都有特定的组织学特征。

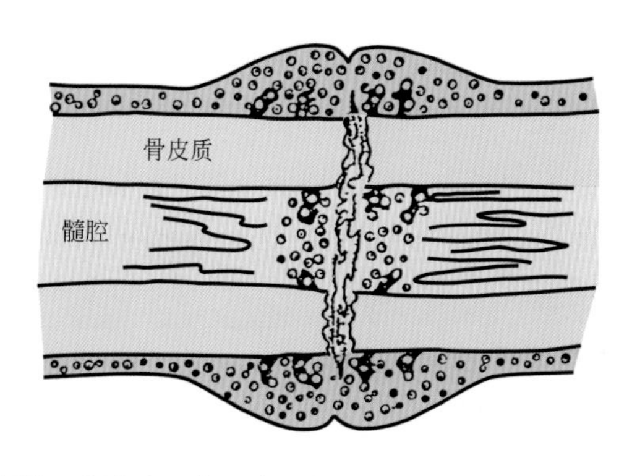


图3–14 骨折的二期愈合示意图（骨膜反应所形成的套状骨痂跨越远、近骨折端而形成连接）

## 1. 炎症期

骨折后可导致髓内血管、骨膜内血管以及周围软组织血管断裂出血而在骨折处形成血肿。由于血供障碍，骨断端可发生数毫米的坏死，骨细胞变性。最早出现在骨折部位的是炎症细胞，包括中性粒细胞、淋巴细胞、单核细胞和巨噬细胞。单核细胞和巨噬细胞的功能，是吞噬坏死组织及细胞残渣，为骨折修复铺平道路。除了各种细胞外，血肿内还有松散的纤维蛋白网架和陈旧的胶原纤维。纤维蛋白网架是成纤维细胞侵入的支架，有利于骨折修复。

## 2. 修复期

在骨折修复早期，机化的血肿内有新生毛细血管和成纤维细胞出现，形成肉芽组织。成纤维细胞产生大量胶原纤丝，其中大部分为成熟的Ⅰ型胶原纤丝，具有明暗带。少数为Ⅱ型胶原纤丝。这些胶原纤丝把骨折端包裹起来，形成一个纤维骨痂，起暂时固定骨端作用。现已证实，成纤维细胞四周的胶原纤丝完全可以发生钙盐沉积，最终形成骨组织。

在骨外膜的生发层和骨内膜有骨祖细胞存在。骨折后骨祖细胞分化受周围环境的影响。在骨内膜面，由于血供较佳，骨祖细胞分化为成骨细胞，形成骨性骨痂。在骨外膜，随着细胞增殖，生发层离开骨表面。生发层和骨干之间的骨祖细胞不再增殖，而开始分化在贴近骨干处血供较好，骨祖细胞分化为成骨细胞。但由于骨祖细胞增殖较快，而毛细血管增生较慢，因此在远离骨表面部位因血供差而分化成软骨细胞。这样，外骨痂分为三层，贴近骨干的是成骨细胞产生的骨性骨痂，远离骨表面的是成软骨细胞产生的软骨骨痂，最外层是骨外膜生发层增殖的骨祖细胞。成骨细胞可合成溶胶原，蛋白多糖和糖蛋白。这些物质排出细胞外，构成骨的有机质。溶胶原在细胞外经原胶原逐步聚合成胶原纤丝。这些都是Ⅰ型胶原，具有明暗带。成骨细胞在分泌有机基质后，本身被基质包围，逐步发生钙化。钙化后的骨基质即变成坚硬的骨性骨痂。

成软骨细胞分泌胶原和软骨基质多糖，构成软骨基质。成软骨细胞产生的胶原纤丝与成骨细胞完全不同，是一种细小的纤丝，为Ⅱ型胶原，无周期性明暗带，排列也不规则。这些细小的胶原纤丝也能发生钙盐结晶沉积，导致钙化。成软骨细胞被软骨基质包围后，代谢功能减退，变成软骨细胞。软骨钙化区内，营养物质弥散发生障碍，导致软骨细胞变性坏死和钙化基质降解。此时，骨外膜和骨髓内大量毛细血管和成骨细胞侵入，在钙化的软骨残基上沉积新骨，从而完成软骨内骨化的过程。

上述由成纤维细胞、成骨细胞和成软骨细胞在骨断端形成原始骨性骨痂，以后原始骨性骨痂内的编织骨逐步向板层骨发展，变成继发性骨性骨痂。在骨折修复早期，还可出现一种纤维软骨性骨痂，这种骨痂含有大量成纤维细胞和一部分软骨细胞。纤维软骨性骨痂获得较好血供后可逐渐转化为骨性骨痂。

### 3. 改建期



以膜内成骨和软骨内成骨形成的骨痂相当脆弱，需经过骨改建才能使恢复正常形态，并适应功能需要。骨改建是一个复杂而有序的过程，主要由破骨细胞和成骨细胞参与。破骨细胞吸收不必要的骨小梁，同时成骨细胞沉积新骨。骨改建过程中的骨吸收和骨形成在空间和时间上互相偶联，以维持骨的生理功能和形态结构的高度统一性。

骨痂改建为松质骨和皮质骨的步骤有所不同。改建为松质骨的过程较简单，破骨细胞很容易到达骨小梁结构表面开始骨吸收，以后骨沉积也发生在骨小梁表面，这就是所谓的爬行替代。但如骨痂要改建成为皮质骨，则需要另一种特殊方式。首先是破骨细胞在骨痂内纵行钻出隧道，以后有毛细血管进入，同时带入成骨细胞，后者在隧道内沉积新骨，这些新骨呈同心圆排列，构成新的哈佛氏系统。

## 二、骨折一期愈合

骨折一期愈合，是一种特殊的愈合方式，无骨折二期愈合所出现的各组织学阶段，而是通过直接成骨和骨单位的重建达到骨性连接。这种骨折愈合只有在坚硬的加压固定时才会发生。一期骨折愈合有两种形式，即所谓接触愈合和间隙愈合。

### 1. 接触愈合

骨折部作坚硬的加压固定后，在骨折端的某些区域发生紧密接触，无空隙存在，且骨折端被固定装置完全制动，同时骨承受的应力也大大减少。在这种环境下，无内、外骨痂形成，骨折部主要通过哈佛氏系统重建而发生连接。最初在骨折线两端不同距离的皮质骨内出现破骨细胞，后者犹如钻头，在哈佛氏管内吸收骨，造成哈佛氏管扩大。毛细血管在扩大的哈佛氏管内生长，最终到达并穿过骨折线。破骨细胞后面为成骨细胞，在扩大的哈佛氏管壁上沉积新骨，逐步穿过骨折部，形成新的哈佛氏系统。

### 2. 间隙愈合

实验证实，坚强加压固定后骨断端虽有不少部位紧密接触，但也有许多区域仍有空隙存在。此外，在临床上常难以获得与实验时截骨区相同的良好对合，临床骨折后骨折面往往不平整，即使作加压固定，大部分区域仍难以紧密接触而留下一定宽度的间隙。这些部位通过间隙愈合的方式连接。

一期间隙愈合是指被坚硬固定的骨折间隙内不是通过骨痂而是通过直接的骨痂形成而获得愈合。在较大的间隙内首先可见到纤维骨构成的支架，以后在支架腔隙中有板层骨充填。这些新骨可来自骨外膜和骨内膜。新骨的方向与骨纵轴垂直。虽然这种一期成骨未神经纤维软骨阶段，但其强度很低，以后需经过皮质骨重建，才能使结构恢复原来的形态。皮质骨重建有两种方式：一种是骨新单位起自骨折的一端，穿过间隙充填骨，进入骨折另一端；另一种是骨单位直接发生于间隙充填骨内，然后进入骨端。间隙充填骨的矿化在骨折后1周即开始，而骨重建常在3周后才开始。

骨折的一期与二期愈合只是骨折部在不同的力学环境下所经历的两种不同愈合过程。愈合质量的生物力学标准为骨折部的力学强度，一期愈合时取决于骨单位的数量，二期愈合则取决于骨痂的数量、质量和改建的速度。因此，不能片面地理解为一期愈合一定比二期愈合优越。例如，与二期愈合相比，一期愈合的速度并未加快，有时甚至更慢。而且，形成一期愈合的坚硬固定，可产生较强的应力遮挡作用，而导致后期的骨缺失和骨结构紊乱（失组织化）。当然，能最终形成骨折一期愈合的外固定支架往往具有较高的刚度，足以保证早期进行功能活动，甚至完全负重，有利于防止骨折病的发生。



## 第三节 外固定支架刚度对骨愈合的影响

当两个或两个以上具有不同弹性模量的部件组成一个机械系统时，具有高弹性模量的材料对低弹性模量的材料可产生应力遮挡作用。外固定支架正是通过其对骨骼的应力遮挡作用，使骨断端少受力或不受力，以保持骨断端间的稳定性。为此，人们采用各种方法，不断提高外固定支架的刚度，以获取最坚强的固定作用。但近年来大量实验研究发现，固定装置的应力遮挡作用，将显著减少骨骼固定段的应力刺激，从而导致骨缺失和骨组织紊乱（失组织化）。通过组织学定量评定、光镜、透射电镜和扫描电镜观察证实，骨骼在坚硬固定的力学环境下，从固定后2周开始即出现有统计学意义的骨量丧失、骨组织成分变化和骨基质中胶原纤维排列方向和结构改变。固定装置的刚度愈高，固定时间愈长，上述变化也愈严重。Aalto等发现，兔胫骨截骨后采用外固定支架固定3周，截骨部位骨折愈合良好，其能量吸收和抗弯强度已恢复正常。但如将外固定支架保持到术后32周，其应力遮挡作用使截骨部位的能量吸收和抗弯强度下降至正常对照组的50%。Terjesen等采用外固定支架对兔胫骨截骨后骨折进行外固定，组织学和生物力学观察证实，外固定支架固定时间与应力遮挡作用成正比关系。外固定最佳固定时间为6周。外固定时间超过12周，截骨部位的力学性能明显下降。

不同的外固定支架，由于其结构特点和材料不同，其刚度也不相同。而同一个外固定支架，还可因为变换固定针直径和位置或调整固定杆位置和松紧而改变其总体刚度。一般来说，在骨折或截骨早期，对外固定支架的刚度要求较高，以保证骨断端的稳定性或稳定的加压或牵张力。随着骨断端的愈合进展，外固定支架刚度最好能作相应减小并在适当时期及时去除，以尽可能减小应力遮挡的不利作用。下面结合一些实验研究结果，分别讨论影响外固支支架刚度和骨愈合的某些机械因素。在实际应用时，则应对这些因素进行综合分析和调整，以获取最符合某一具体病患治疗需要的力学条件。

## 一、固定针数量与骨折愈合的关系

4根固定针与6根固定针的单侧外固定支架对骨折愈合的影响：体外测试证实，4根固定针外固定支架的轴向压缩、扭转及侧向弯曲刚度约为6根固定针外固定支架的70%，而前后弯曲刚度仅为后者的50%。犬截骨后采用4根固定针外固定支架，术后组织学观察发现，外骨痂明显增加，以二期愈合为主，在某些标本中，尚可见到部分不成熟骨组织。而6根固定针固定组以一期愈合为主。尽管两组骨标本的生物力学测试结果无统计学差异，但前者的截骨部位孔隙率及固定针松动率均高于后者。

## 二、固定针直径与骨折愈合的关系

体外测试发现，外固定支架的刚度与固定针直径成正比。Terjesen等用固定针直径分别为1.0mm、1.5mm、2.0mm的外固定支架固定兔胫骨截骨后骨折。术后根据6周X射线摄片及直接测量发现，低刚度组（直径细的固定针）外骨痂形成最丰富，但有1/3发生骨折移位。中等刚度组和高刚度组骨折愈合良好。但三组标本愈合后的生物力学测试无差异。

## 三、固定杆安放位置与骨折愈合的关系

Kaplan等将两种固定杆位置不同的外固定支架固定兔胫骨截骨后骨折。术后6周生物力学测试证实，高刚度组（固定杆距胫骨中线为3.5cm）的截骨部位刚度为完整胫骨的57%，而较低刚度组（固定杆距胫骨中线为4.5cm）则达77%。说明外固定支架刚度过高，并不一定有利于截骨部位刚度的早期恢复。

## 四、单平面和双平面外固定支架与骨折愈合的关系

Williams等经体外测试证实，双平面外固定支架的刚

度，明显高于单平面外固定支架。对截骨后犬胫骨分别作单平面和双平面外固定支架固定后9周组织学观察发现，双平面外固定支架以一期愈合为主，骨痂少，单平面外固定支架则以二期愈合为主。但骨折部愈合后的力学强度两者并无明显差别。

### 五、加压和不加压外固定支架与骨折愈合的关系

Hart等采用单侧外固定支架固定犬双侧胫骨截骨后骨折，其中一侧加压，另一侧作为对照。虽然体外测试证实，加压外定固支架刚度高于不加压外固定支架，但术后90天发现，除加压组骨标本的抗扭刚度高于不加压组外，两组的能量吸收、抗弯强度、骨血流量以及骨折愈合类型均无明显差异。Aro等则发现，使用外固定支架后，给予动态轴向加压有利于减小骨断端间隙，而使接触愈合和间隙愈合混合出现，其骨痂分布对称。而不作动态轴向加压组，则以间隙愈合为主，其骨痂不规则。但两组均在90天后有良好的皮质骨重建，骨血流量、哈佛氏系统的骨改建形式、骨孔隙率以及抗扭强度与刚度均无明显差异。

## 第四节 外固定支架固定期间骨折愈合的生物力学评定

愈合过程中，外固定支架-骨复合系统的总体刚度是由外固定支架刚度和骨断端向的组织刚度共同构成的。后者与骨折部愈合组织的几何形态和力学性能有关。生物力学

测试表明，不同组织在拉伸载荷下具有不同的形变率。肉芽组织能发生100%的形变，纤维软骨为10%，而骨组织仅为2%。因此，在外固定支架固定期间，可利用外固定支架本身对骨折部愈合组织的生物力学特征进行非侵入性评定，从而判断骨折愈合的进展情况。

Jotgensen等（1979）通过应变片技术对外固定支架固定后骨折区进行生物力学测定。提出外固定支架固定后理想的骨折愈合曲线应呈双曲线。在此曲线中，骨折部位愈合组织的刚度，随着外固定时间增长而迅速增加，以后呈持续缓慢增加，最后成渐近线而接近正常。他们认为在骨折愈合过程中，轴向角位轻微变化，病患进行部分负重是安全的。随着角位移的减小，骨折愈合趋向成熟，病患可以完全负重。可以在活体上进行非创伤性骨折部位力学性能测试，且可不断重复比较，是外固定支架的独特优点，这一优点可被用于实验或临床研究以获取很有价值的数据。

第四章

# 骨外固定支架治疗的一般原则与基本技术

骨外固定是通过外固定支架完成对骨或关节固定的一种方法，使用前应先对所选用的外固定支架结构与力学性能有一定了解，熟悉它的操作技术，才能获得良好的治疗效果。目前，外固定支架有很多类型，各种类型各具特点。外固定支架的分类、构型特点及其生物力学基础已在前面有所介绍。但是，各种类型的外固定支架，在临床应用上有共同的一般原则与基本技术要求，合理掌握使用适应证，严格执行操作技术和术后处理，尽可能避免其缺点，才能充分发挥骨外固定的治疗作用。

## 第一节 外固定支架的选择与骨外固定对骨施力的方式



### 一、骨外固定支架的选择

骨外固定支架及其临床应用还处于继续发展的阶段，除了作为治疗骨折的一种方法外，还应用于治疗骨不连、关节切除融合术、截骨矫形及肢体延长等。不同的病理情况与解剖部位需选用不同类型的外固定支架。一般来说，治疗骨折时需要选用灵巧性较好的外固定支架，固定后能进行必要的再调整，以纠正对位和轴线偏差。单平面单杆或双杆外固定支架，大多可满足治疗骨折要求的肢体延长与关节切除的骨外固定，对其稳定性要求则是主要的，否则难以避免由于固定刚度不足所造成的许多并发症。因此，必须根据治疗需要选择力学性能合适的外固定支架。

### 二、骨外固定支架对骨施力的方式

外固定支架通过穿插在骨上的钢针对骨施力，利用力学原理达到治疗目的。骨外固定对骨施力的方式有以下四种。

#### 1. 加压

对骨断端间施加轴向压力，可使骨断端紧密接触，这既可增加固定的稳定性，又有利于骨愈合。加压固定最常用于稳定型骨折、关节切除融合术与骨不连的治疗。半环槽式外固定支架在侧方连接杆上配有侧方加压装置，可从骨断端侧方横向穿插钢针，推压骨端或分离的大骨折片复位。

### 2. 牵伸

轴向牵伸通常是用于肢体延长和有骨缺损的骨折，牵伸固定以保持肢体长度。近年来已将骨外固定的牵伸固定技术发展到用于治疗关节端粉碎性骨折，即在对侧的骨干穿针，通过关节囊和韧带的牵拉以整复关节端骨折。但其成功在很大程度上取决于关节囊、韧带与骨膜的完整性。这种特殊形式的牵伸固定最常用于膝、踝与桡骨下端不稳定性骨折及髋臼骨折。

### 3. 中和位

即在固定骨折时既不施加挤压力，也不采用牵伸力，骨外固定的应用仅限于用以保护骨的长度、骨断端对位对线的稳定为目的。骨干的严重粉碎性骨折和多段骨折须用中和位固定。

### 4. 成角

现代的大多数外固定支架，都许可进行必要的再调整，以纠正轴线偏差。在干骺端截骨矫形或肢体延长时，为矫正成角或旋转力线畸形，可采用简单的反向成角穿针矫正。但在矫正旋转畸形时，一般均须先放松钢针固定夹，用手法矫正，或在骨折上下骨折段用夹角穿针。

## 第二节 骨外固定支架的优缺点与适应证

### 一、骨外固定支架的优点



骨外固定之所以被公认为治疗骨折的方法之一，是由于它具有以下优点。

（1）能为骨折提供良好的固定而无须手术。经皮穿针外固定创伤性小，失血极少，可迅速且容易将骨折固定，这在有紧急的胸内与腹内或颅内伤等多发伤时尤为重要。采用外固定支架牢稳地固定骨折，亦有利于减少失血和便于搬动病患做必要的检查或立即手术，以控制威胁生命的有关损伤。

（2）便于处理伤口而不干扰骨折复位固定。在需要保持开放的伤口，便于再清创、敷料更换及观察损伤的组织，也不妨碍局部移位皮瓣、交腿皮瓣或带血管蒂的复合组织的应用。外固定支架因留有足够的空间，还便于逐渐准备创面，以供施行修复手术。

（3）外固定支架，可根据治疗需要对骨断端施加挤压力、牵伸力或中和力。固定后尚可进行必要的再调整，以矫正力线偏差，对骨施力灵活。

（4）固定的稳定性，主要取决于外固定支架的几何构型与材料性能，但外固定支架和骨组成复合系统后的稳定性可以调整，例如增加或减少连接杆和钢针数目，即可改变稳定性。在骨折初期坚牢固定，这对软组织愈合十分有益，骨折后期可改用弹性固定，以利骨折愈合与重建。固定刚度的可调性，是骨外固定突出的优点。

（5）许可早期活动骨折上下的关节。牢稳的固定骨折数日后，疼痛可消失。无痛性早期活动有助于改善血循环，促进肿胀消退与防止肌肉萎缩。早期功能锻炼，有促进骨折愈合和伤肢功能恢复的效果。

（6）骨外固定特别适用于治疗感染性骨折与感染性骨折不连接。

（7）骨外固定便于肢体血液循环，可避免或者减少内置物对肢体组织的影响。

（8）易于卸除，无须再次手术摘除固定物。

## 二、骨外固定支架的缺点

骨外固定作为一种治疗方法，也有它固有的缺点。

（1）石膏与小夹板相比，用外固定支架治疗需要经皮穿放钢针或钉，而穿针或钉不仅要求技术，也要求对皮肤与针道护理。

（2）外固定支架占有一定的空间比较笨重，不便于动物活动。有些畜主甚至对骨外固定支架有恐惧感。

（3）针道可能发生骨折，这主要发生在用粗钉穿骨固定的病例。

（4）穿针需经越肌肉时，将影响肌肉收缩活动，使钢针平面下的关节活动受限。

（5）外固定支架不像金属内固定能长期放在骨上，钢针松动与针道感染有一定的发生率，针道一旦发生感染，则难以及时采用切开复位和内固定。

## 三、骨外固定支架的适应证

骨外固定支架不是治疗骨折的唯一方法，它的应用指征大都是相对的，应按病例具体情况酌情选用。一般说来，骨外固定支架的适应证可分为公认的和可用的两大类。

### 1. 公认的适应证

公认适用于外固定支架治疗的情况如下。

（1）伴有严重软组织伤的四肢开放性骨折，特别是有广泛软组织伤的骨折。AO学派规定Ⅲ度开放性骨折和伤后超过6 ~ 8小时的Ⅱ度开放性骨折，均是骨外固定的适应证。

（2）骨折伴有严重烧伤，采用外固定器治疗，既可为骨折提供牢稳固定，也便于创面处理，防止肢体后侧植皮区受压迫。

（3）有广泛软组织挫压伤的闭合性骨折。

（4）骨折需用交腿皮瓣、肌皮瓣、游离带血管蒂皮瓣等修复性手术。

（5）骨折需用牵伸固定保持肢体长度者。

（6）多发性创伤或多发性骨折，骨外固定能为受伤的肢体迅速提供保护，便于复苏和处理威胁生命的脏器伤。

（7）感染性骨折与骨不连，病灶区外穿针固定，有助于控制感染和促进骨愈合。

（8）骨折伴有神经血管伤。

（9）肢体延长。

（10）关节及加压融合术。

### 2. 可用的适应证

骨外固定支架尚可用于以下情况。

（1）某些骨盆骨折与脱位，骨外固定可以给予较好的复位与固定，能控制出血，减轻疼痛和便于翻身。

（2）骨与关节畸形的截骨矫形。

（3）肿瘤根治切除后的骨移植术。

（4）断肢再植术。

（5）骨关节端粉碎性骨折（韧带整复固定术），例如胫骨上、下端粉碎性骨折与桡骨下端粉碎性骨折。

（6）髌骨与尺骨鹰嘴骨骨折。

（7）多发性闭合骨折。

（8）合并脑外伤的骨折。

（9）作为非坚强内固定术的补充。

## 第三节 使用骨外固定支架的基本技术

骨外固定支架的成功，像其他任何手术一样，取决于术前的充分准备，术中严格执行操作技术后良好的护理及功能康复治疗。外固定支架的类型很多，各具特点，但在临床应用方面，都有其下述共同的基本要求。

### 一、术前准备

术前准备包括以下几个方面。

（1）术者必须对所选用的外固定支架的结构、力学性能及部件组装技术有很好的了解。固定的稳定性是由外固定支架及骨组成的几何不变体系所决定的，因此必须要求构型达到牢稳的固定。

（2）充分了解穿针部位局部解剖，计划的穿放钢针路径要避开大血管神经，以免造成血管神经损伤。肌肉收缩频繁以及收缩幅度比较大的部位尽量不要安置钢针，减少对动物的疼痛刺激和妨碍肌肉收缩力。

（3）麻醉的选择，要依据伤情、年龄和损伤部位而定。常用的麻醉方法有注射麻醉、吸入麻醉、局麻等。大多数新鲜闭合性骨折，常采用的是吸入麻醉。

（4）体位：取仰卧或半侧卧位，患肢用塑形垫进行术中保定，以便穿针。

## 二、手术操作的基本要求

（1）严格执行无菌技术，手术应在手术室内进行，参加手术的人员都必须穿戴手术衣帽和口罩。消毒手术区皮肤和铺放无菌巾。紧急手术或者医疗条件不足时，也应当尽力做好消毒要求。

（2）确定穿针部位。根据骨折平面、骨折线行走与移位方向，标定进针点与角度。为准确选定针进出点，要先用手法适当牵伸和旋转纠正伤肢正常的生理角度。

（3）穿针原则上应在病灶区外，以避免骨折血肿区经由钢针与外界通连。但为增强固定的稳定性，穿针位置又要尽可能靠近骨折区，而固定针之间距离要大。

（4）钢针经越皮肤的进出口要切开。根据钢针的粗细，用尖刀片切开皮肤。其深度应达深筋膜，因针入皮肤界面软组织张力会引起炎症反应。

（5）穿针要避免用高速动力钻，以免造成热损伤。骨烫伤根据严重程度不同，会造成固定针的稳定性出现巨大差异。轻微烫伤引起的微量骨坏死一般不影响针的稳定性和作用。严重的骨烫伤引起骨坏死，在坏死骨吸收后有结缔组织代替，会造成固定针对于骨的把持力下降造成针脱落，从而影响手术效果和骨愈合。骨钻摩擦温度高于50℃的情况下就会造成血管损伤引起骨坏死。用螺纹钢针和钻头的预钻孔，并且用冷生理盐水冲洗可有效规避以及减轻热损害。

（6）针道应位于骨的横断面中部，以保证钢针对骨断端的作用力通过骨轴心。非偏心效应既能使骨断面获得牢稳固定，又能使骨断面得到比较均匀的应力刺激。偏心穿针在轴向加载时为非对称性承载，偏心性效应将造成骨断面应力分布不均匀和固定不稳固。穿针最好在X射线透视下进行。

（7）外固定支架所用钢针直径不一，尽管钉可自行旋入，但穿越坚硬的皮质骨需耗很多能量，为减少骨孔周围变热坏死，通常都预先用钻头低速钻孔，再拧入固定螺针。

（8）骨折复位。用手法将移位的骨断端整复后，将钢针固定于连接杆。如大体达到骨折复位，再用外固定支架纠正对位与轴线残留的偏差。现代的外固定支架还未达到能替代手法复位的完善程度，但大都可进行必要的再调整。

（9）单平面穿针的外固定支架，一般说来上下骨折段至少要各穿两根钢针或钉才能稳定骨折端。如果选用外固定支架则可在不同平面穿针，固定的稳定性将能得到很大的加强。

（10）拧紧钢针固定夹将骨折牢稳固定于整复的位置。检查确认骨断端固定牢稳后，皮肤的针孔部贴置酒精纱布，外面再用干纱布块保护与绷带包扎。

## 三、术后护理与功能康复

（1）定期更换敷料，保持皮肤针孔部位清洁干燥，注意保护外固定支架清洁。根据病情需要，可在术前使用抗生素数日。日常护理时发现针孔处有分泌物，要及时清理消毒。同时可以在针道处涂抹药膏。

（2）如果患处有明显肿胀，适当抬高患肢，以减少肿胀。必要时，可通过外固定支架将伤肢悬吊。也可以在肿胀处用酒精消毒过的细针点扎，之后挤压患处组织。

（3）脚背着地的，可以用适合的支架或托板纠正，托板可连接于外固定支架上。

（4）尽早开始穿针部位上下的关节活动，如全身情况允许和固定有足够的稳定性，则应鼓励小动物早日下地练习伤肢部分负重行走。功能锻炼的强度不应引起疼痛，关节活动幅度要大，但频率要小。全针固定时快速伸屈关节易拉伤肌肉，浆液沿针道溢出易招致感染。

（5）钢针－皮肤界面应无张力，否则应予切开减张。

（6）如采用加压形式骨外固定，固定后数日须再适当加压一次，以使骨断端紧密接触。

（7）骨断端初步愈合后可通过减少钢针与连接杆的数目降低固定刚度，以促进骨愈合和骨改建。

（8）外固定支架留置时间取决于治疗需要，骨折小动物因年龄、部位和严重程度不同，留置时间是不同的，一般成年动物4 ～ 14周、幼年动物15 ～ 60天。但在拆除外固定支架前必须拍摄X射线片，骨折已临床愈合和X射线片显示有明确的骨痂连接，方可拆除外固定支架。其后可酌情采用小夹板等保护1 ～ 3周，以待骨折坚牢愈合。

## 第四节 骨外固定支架并发症的防治

骨外固定支架的应用，也可带来某些并发症，主要是针道感染，骨折迟缓愈合和可能损伤神经或血管问题。但如果严格执行穿针技术，注意术后护理，掌握骨外固定条件下的骨愈合的生物学与生物力学，以及适时配合其他治疗方式，可使并发症降至最低限度。本节重点介绍针道感染和骨折迟缓愈合或骨不连等常见并发症的防治。

### 一、针的问题

与钢针有关的并发症最多，其中包括针道感染、钢针折断等。

#### 1. 针道感染

针道感染的主要原因，是钢针松动，针-骨界面和针-皮肤界面不稳，针道周围组织受肢体活动所产生的周期性应力刺激而产生炎症反应，术后针道反应处理不当乃造成感染。单平面骨外固定和骨断端间存在间隙，针-骨界面所受的周期性动态应力远大于多平面骨外固定和骨断端间加压外固定，前者钢针松动和针道感染发生率明显高于后者。

针道感染的发生率报告差别很大，从0到100%，平均29%。按感染程度不同分轻、重两类，严重感染者约占7%。针道有化脓感染须住院切开引流，需拔除钢针或停用外固定支架者，均属严重感染。任何慢性针道感染，即拔针后仍持续引流者，亦属严重感染。针道发生感染的原因是钢针周围组织坏死和针在组织内滑动。临床观察也已证明，钢针－皮肤界面无张力和针道能保持稳定不变者，针道感染几乎可以完全避免。充分切开钢针进出口有张力的皮肤，采用低速钻避免针在组织内移动，保持针孔处皮肤清洁干燥，对预防感染有重要意义。

针道出现感染的特征，是针孔分泌物增多，针孔皮肤发红，局部疼痛或肿胀。此时应减少动物关节活动，抬高患肢休息，全身或局部应用抗生素，及时清除分泌物和保持针孔部皮肤清洁与干燥。如针孔部皮肤有张力，则应立即切开减张，感染严重者须切开引流。钢针已松动而需继续固定时，宜拔除钢针，另选一适合部位穿针固定，但后者应距原针道位置保持距离，防止炎症蔓延。单平面半针或全针外固定，针易在组织内滑动，也影响固定的牢固性，易并发感染。骨断端间加压固定和最外侧钢针向内呈20°角穿放可加强平面半针固定的稳定性，螺纹钉可增强针在骨上的把持力，有助于减少固定针的松动。

### 2. 钢针折断

钢针折断是金属疲劳所致，最易产生金属疲劳的地方是针与连接杆的接合部。骨断端存在间隙时，钢针承受100%的外加载荷，其应力再由钢针传递到连接杆，针与连接杆的接合部因应力集中而易发生金属疲劳乃至折断。骨断端有良好接触时，针的应力将减少97%。因此，用外固定支架时，须对骨断端进行轴向加压，使骨断端紧密接触，由骨断端吸收压应力，这不仅可避免或减少断针，也有利于促进骨愈合。不多次紧旋固定钢针的螺钉或在固定夹面上加放非金属垫圈，以及钢针只一次性使用，这些措施均可防止断针。

### 3. 皮肤压迫性坏死

这在肢体水肿时尤易发生，应扩大针孔皮肤切口，抬高患肢，以减轻肿胀。连接杆如太靠近皮肤，肢体肿胀时，亦可产生组织压迫性坏死。组装外固定支架时，应注意保持皮肤与连接杆之间的适当距离，其间距不应小于1cm。皮肤与连接杆有两指宽间距，即可避免皮肤压迫性坏死。

## 二、骨折迟缓愈合与骨不连

骨折迟缓愈合与骨不连是外固定支架治疗骨折的另一个主要并发症，并因发生率较高而成为反对使用外固定支架治疗骨折的一个理由。但是，目前对在骨外固定条件下形成骨折迟缓愈合或骨不连的原因已有较好的了解，在防治方面亦有不少相应的有效措施。

### 1. 骨折迟缓愈合与骨不连的原因

（1）与外固定支架本身有关。因某些外固定支架过分坚强形成高刚度固定，使骨折部缺乏所需的生理性应力刺激而减少骨痂形成，骨折血肿成熟后不能向成骨方向发展而变为胶原疤痕组织。如骨外固定刚度不足以将骨折坚固固定，则不能保护骨折正常愈合过程，这多发生于单平面半针或单平面全针双杆外固定支架治疗的骨折病例。

（2）原损伤严重。因首选外固定支架治疗的这类损伤本身严重，易形成骨折迟缓愈合或骨不连，例如合并有广泛软组织损伤的小腿严重开放性骨折，粉碎的骨折片之间存在空隙，大骨折片发生分离，这类骨折本身就有很高的迟缓愈合或骨不连发生率。

（3）使用外固定支架的技术不当或未能合理选用外固定支架。例如骨折需要多大刚度的固定、钢针穿放的位置，是采用骨断端间加压、牵伸还是中和位，以及如何调整骨外固定的固定力，使其适应骨愈合过程对其力学环境的不同需要。



### 2. 防治方法

（1）准确复位。文献报告解剖复位者骨愈合时间比非解剖复位者明显短。为达到较理想的复位，对斜行与螺旋形骨折，可结合少量内固定，如用螺钉将斜行骨断端固定，亦可采用少许修整骨断端的方法使之能够接受加压外固定。

（2）对有骨断端间隙与骨缺损的骨折可采用早期自体松质骨移植术。及时修复软组织创面对预防骨折迟缓愈合或骨不连也具有重要意义。

（3）随骨折愈合进程的发展，可逐渐降低骨外固定刚度。骨折初期需要坚强固定，有利于皮肤与软组织愈合，但过分坚强的固定，会干扰骨断端受力，不利于骨折愈合。因此，在骨折已初步愈合时，可减少钢针与连接杆数目，以降低固定刚度，利用弹性固定改善骨断端的应力刺激，或者完全拆除外固定支架。现已了解，骨折达到初期愈合后需增加骨断端负荷，机械应力刺激是促进骨愈合和提高愈合质量所必需的，这与骨的功能适应性有关（Wolff定律）。

（4）结合电刺激。如出现骨折愈合迟缓或骨不连，可配合微量直流电刺激或脉冲电磁场治疗，以促进骨愈合。

另外，近年来激光理疗在小动物临床运用中如雨后春笋般地涌现，激光是用特定的光波长照射机体引起生物效应，从而达到治疗的目的。

## 三、神经与血管损伤

这类并发症少见，但有时发生感染异常。钉或针直接对着神经或血管时虽常是将其推到侧方，但直接贯穿神经或血管也是有可能的。如钉或针紧贴神经或血管，尚可因慢性蚀损而造成神经或血管的损害。因此，预防方法是注意避开血管神经，术者要有良好的局部解剖知识。如术后立即出现神经或血管伤，则应放弃外固定支架治疗或重新穿针固定。

其他并发症有关节功能障碍、骨筋膜腔综合征或穿针部骨折等。但这些并发症可通过严格执行操作规程与细心护理来避免。

第五章

# 四肢闭合性骨折的骨外固定支架治疗

四肢骨折为常见损伤，其治疗有以下三大基本原则。

（1）复位。移位的骨折端必须纠正，要求达到解剖或功能对位。

（2）固定。不论用何种固定方法，都必须能牢稳保持骨折端正确对位，直至骨愈合。

（3）功能恢复。骨折治疗的主要目的，是使受伤的肢体恢复功能，要尽早开始功能锻炼，骨折附近的肌肉和关节早期主动与无痛的活动，可防止骨折病的发生。

治疗骨折的方法，可分为非手术疗法和手术疗法两类。非手术疗法包括手法复位外固定和持续牵引复位固定。手术疗法为手术切开复位内固定。经皮穿针外固定是在手法复位的基础上，用骨外固定支架将骨折固定，是一种特殊形式的固定方法，称为骨外固定。治疗骨折的各种方法，都各有其优缺点和各自的应用指征，如选用适当，可以获得满意的治疗效果。但是，大多数骨折应采用非手术疗法处理。切开复位内固定和非手术疗法相比较，它虽有复位固定比较确实可靠和关节活动早等优点，但手术复位和钢板或髓内钉内固定，不可避免地要进一步损伤骨折周围和骨本身的血液供应，这既不利于骨折愈合，又存在手术感染风险，伤口感染率一般为2% ~ 11%。因此，就治疗方法总的指导原则来说，如果能够用非手术疗法达到复位、固定与功能恢复的目的，则不宜采用手术复位和内固定的方法。

由于手术内固定的并发症增多，以及日益认识到生理性应力刺激对骨折愈合的重要性，高强度内固定不能加速骨折愈合，因应力遮挡效应反而使骨愈合有些延迟。骨折治疗趋向于多元化。随着外固定支架制造与应用技术的不断改进，骨外固定作为一种新的疗法重新受到重视和发展，现已成为治疗骨折的标准方法之一。骨外固定得以被公认为治疗方法之一，以及能为骨折治疗提供一种新的选择，主要原因是它为骨折提供牢稳的固定，固定的稳定性介于加压钢板和髓内钉内固定之间，对局部血液循环不造成明显干扰，不影响骨的修复性再生能力，也可同时进行早期功能锻炼，能从力学与生物学两个方面为骨愈合和功能恢复提供最有利的条件。



## 第一节 适应证与临床应用

在四肢闭合性骨折治疗中，用骨外固定支架作为一种治疗方法，其指征大都是相对的，可根据病例的具体情况选用。在前肢骨折有应用骨外固定的指征时，大都采用半针钳、全针钳夹式固定，这两种几何学构型对前肢骨折有较满意的稳定性。组装外固定支架时要采用骨断端加压固定和对钢针预加应力，以及在术后严格限制旋转活动。后肢体股骨骨折主要用半针平面式固定，胫骨骨折主要用双侧连接杆的框架式固定或者半针固定。

## 一、骨外固定的适应证

一般认为，下列情况可作为应用指征。

（1）多发伤的不稳定骨折，或有其他紧急手术需要施行时，骨外固定便于迅速将骨折固定并进行复苏治疗。

（2）单肢多发骨折，如一侧的胫骨与股骨同时骨折，穿针骨外固定较简便、创伤很小，以及可早期活动锻炼，比其他非手术疗法和手术内固定治疗有更多的优点。

（3）骨折合并筋膜腔综合征时，需要施行筋膜腔切开减张，这类情况大多要再次手术，离骨折区穿针外固定是一种较安全的处理方式。

（4）不稳定骨折包括多段骨折与骺分离，以及用习惯的方法不能有效复位或固定的骨折，骨外固定或骨外固定结合少量内固定常能获得更好的治疗效果。

（5）骨干严重粉碎性骨折需用牵伸维持骨原长度者，以及干骺端部位骨折。

（6）可借助韧带与关节囊牵伸复位关节端粉碎性骨折，即Vidal提出的超关节穿针韧带整复固定术，用于桡骨下端与膝踩关节内粉碎性骨折有较好的效果。

（7）髌骨与尺骨鹰嘴骨骨折，可按张力带原理用加压外固定的方法治疗。

（8）有广泛软组织挫压伤和肢体肿胀较重的骨折，骨外固定是一种较安全的方法。

## 二、临床选择性应用

骨外固定在四肢闭合性骨折病患中，主要是选择性应用。在其他方法治疗失败的病例中，骨外固定可提供满意的治疗效果。

# 第二节 前肢体骨外固定支架治疗

对于大多数桡骨远端稳定的、关节外骨折，闭合复位、辅料外固定仍然是可采用的治疗方法。但值得注意的是，手法复位后，为维持骨折端的位置，外辅料固定时必须注意皮肤和血管的循环状态。防止皮肤和骨骼因血液循环不畅造成损害。以及后期动物的不配合造成骨骼未愈合时的移位。

外固定支架能有效地防止骨折端的再移位。

良好的复位效果，防止骨折端再移位的能力，早期的功能锻炼和并发症的逐渐降低，使骨外固定技术日益成为治疗桡骨远端不稳定骨折的主要手段。

## 一、骨外固定治疗桡骨远端骨折的适应证与方法

### 1. 适应证

其他部位骨折治疗相似，桡骨远端骨折采用骨外固定治疗的适应证，可分为绝对适应证和相对适应证两个方面。

（1）绝对适应证

① 伴有桡骨远端向背侧反向成角大于20°或桡骨远端短

缩的桡骨远端关节内骨折。

② 采用手法复位、外辅料固定失败者。即初期复位后，向背侧成角仍大于20°或桡骨远端短缩，提示为不稳定骨折者。

③ 粉碎性关节内骨折或复合型骨折。

④ 开放性桡骨远端骨折，尤其是伴有软组织缺损者。

⑤ 全身多发伤，合并有桡骨远端骨折者。

（2）相对适应证

① 稳定型的骨折。

② 1型Smith骨折。

③ 老年动物桡骨远端骨折。

④ 幼年动物桡骨远端骨骺损伤。



### 2. 复位与固定方法

骨折复位与固定应到手术室，在严格的无菌条件下进行。患肢按常规消毒。如条件允许，可在X射线透视下操作。

## 二、并发症的防治

使用外固定支架治疗桡骨远端骨折有并发症，但绝大多数并发症都是短暂的、不严重的，极少引起严重的后遗症。

### 1. 钢针松动与针道感染

在桡骨远端骨折的外固定治疗中，主要采用半针固定技术。因此，容易出现钢针松动，而进一步导致针道感染。近年来，外固定支架技术的不断完善，使这一并发症发病率明显降低。主要防治措施是：在穿针部位，预先切开皮肤及深筋膜，以降低钢针-皮肤界面张力，防止皮肤坏死。在穿针时，使用低速电钻或手钻，以减轻由于高速旋转对局部软组织的热损伤。此外，值得注意的是，不论在任何时候，都不能利用外固定支架进行复位，或矫正残存的畸形，因为在复位过程中，针道部位将产生显著的压应力，这会导致钢针松动。

### 2. 伸屈活动受限

这主要是钢针从活动频繁的肌肉中间穿过进入骨骼，刺激肌肉和神经引起疼痛和炎症。防治的方法是钢针应尽可能准确地穿放在肌肉筋膜间隙处。

### 3. 桡神经浅支的刺激

尽管这一并发症是轻微的和短暂的，但依然被许多人所报道。这主要是因为钢针压迫或刺激桡神经浅支所致，主要症状为脚掌不能完全着地或者脚背不能正常抬起。这方面最好的防治，是变换进针部位或在前外侧穿针时，采用局部切开，以避开桡神经浅支，消除钢针对它的压迫或刺激。

### 4. 骨应力性骨折

这常见于使用较粗的钢针在骨干穿放，使骨在功能锻炼时，穿针部位出现应力集中现象，而发生应力性骨折。因此，在桡骨远端骨折使用外固定支架治疗时，钢针的直径最好不超过骨直径的20% ~ 25%，而且穿针的间距应适当，以防止应力性骨折发生。

尽管在使用外固定支架治疗桡骨折远端骨折问题上，还存在相当大的争议，传统的手法复位、外辅料固定，仍然是治疗桡骨远端骨折的主要方法。但随着外固定支架技术的不断发展，它不仅能维持骨折端的复位和提供良好的治疗结果，而且能允许更大范围内的肢体活动，以满足小动物的日常生活需求。因此，它已无可非议地成为治疗桡骨远端骨折的重要手段之一。但值得注意的是，对于关节内骨折，手法复位不能达到解剖复位时，切开复位、内固定仍然是必需的。

# 第六章

# 四肢开放性骨折的骨外固定支架治疗

开放性骨折是一种严重创伤，它不同于闭合性骨折。首先是因它存在伤口，使骨折与外界相通，带入的污染有给骨折造成感染的危险。其次是合并神经、血管损伤及创伤性休克的机会较多，骨折延迟愈合、不愈合和畸形愈合的发生率亦明显高于闭合性骨折。由于存在伤口污染和往往难以准确估计创伤病理改变程度，如果早期处理不当，则伤口易并发感染，轻者延长治疗时间，重者可导致骨髓炎，甚至不得不最终截肢。因此，开放性骨折早期治疗的首要任务，是防止伤口发生感染。及早进行彻底清创和将骨折充分复位与牢稳固定，两者是防止伤口发生感染的关键措施。

早期彻底清创是治疗开放性骨折的基础，骨折充分复位和牢稳固定，不仅是骨折愈合所必需的条件，而且也是保证伤口有效处理的必要措施。随着交通工具数量的快速增长和高楼的日益增多，小动物高能量损伤也日益增多，由于软组织伤广泛而严重，彻底清创有时很难做到，我们不主张常规的一期闭合伤口，严重开放性骨折应进行延迟的一期闭合或二期闭合。开放性骨折伤口的闭合原则，大多主张采用简单和安全而有效的方法。骨折本身的治疗亦有重要进展，这主要是对骨外固定在严重开放性骨折中的治疗作用有了广泛重视，多数主张骨外固定应是严重开放性骨折首选的固定方法。对迟延愈合的骨折和存在伤口的骨缺损，目前已证明早期自体松质骨移植可提高骨折愈合率。这些新技术的应用，大大丰富了伤口覆盖的手段，显著降低了骨不连和骨髓炎的发生率，还使过去看来可能要截肢的宠物得以被挽救。

## 第一节 开放性骨折的分类

开放性骨折的严重程度不一，对其严重程度进行分类，这有助于对预后的估计、治疗方法的选择和疗效的评定。目前存在几种不同的分类方法，国内多用Gustilo提出的分类法。

Gustilo将开放性骨折分为三大类，1984年又将Ⅲ型分为三个亚型。

【Ⅰ型】：伤口在1cm以下，骨尖从皮内向外穿出，软组织损伤轻，无碾挫伤，骨折为横断或短斜行，无粉碎。

【Ⅱ型】：伤口超过1cm，软组织损伤较广泛，但未撕脱或形成组织瓣。伤口有中度污染，软组织碾挫伤轻度或中度。骨折为中度粉碎。

【Ⅲ型】：软组织损伤广泛，污染严重，骨折为严重粉碎。

ⅢA型：骨折处仍有充分软组织覆盖。不论伤口大小，高能量损伤造成的多段骨折或严重粉碎性骨折均属此亚型。

ⅢB型：包括软组织缺损、骨膜剥脱、骨暴露、骨折严重粉碎。清创后有一段骨暴露，需要用组织瓣覆盖。

ⅢC型：包括伴有动脉损伤，这类损伤的截肢率很高。保全伤肢则须施行复杂的修复性手术。

另外，还有潜在性的开放性骨折。由重力碾挫，有广泛皮下剥离，但并无伤口，同时造成骨折。皮下剥离的皮肤往往部分或全部坏死。因此是潜在性的开放性骨折。但潜在性的开放性骨折仅仅是存在转化为开放性骨折的可能性，如在早期及时作出确切的判断和采取必要的措施，这种转化是可以避免的。



## 第二节 彻底清创与骨折固定

开放性骨折早期治疗的目的，是防止伤口发生感染。彻底清创是防止伤口感染的基础，骨折的处理要以有利于伤口愈合为原则。但骨折固定不可简单化，必须达到牢稳可靠的要求。彻底清创和牢稳固定骨折，两者都是防止发生感染的最重要的措施。

### 一、早期彻底清创

开放性骨折伤口都是污染的，伤口组织也存在不同程度的损伤。血凝块与失去活力的组织是细菌最好的培养基，经过数小时的潜伏期后，病菌将按对数增殖生长，并侵入周围组织，受损伤的组织在这种情况下极易发生细菌感染。

早期及时进行彻底清创，其目的不是完全清除掉已侵入的细菌，而是要求彻底清除细菌赖以生长和繁殖的条件。抗生素可加强活力正常组织抵抗细菌的能力，但不能代替有效的彻底清创。因此，所有开放性骨折均应视为急诊，要争取尽早施行彻底的清创术。术前准备包括迅速全身彻底检查和处理危及生命的损伤，尽快使小动物全身情况稳定和给予足量的广谱抗生素。

清创步骤与要点如下。

（1）清洁伤口周围皮肤与冲洗伤口　先用无菌纱布覆盖保护伤口，剃毛后用毛刷与肥皂水刷洗伤口周围皮肤。如有油垢，可先用汽油或乙醚擦净。除去伤口上的纱布，再用大量生理盐水冲洗伤口，除去表面黏附的异物。无菌纱布擦干伤肢皮肤，按常规消毒皮肤并铺放手术单。洗刷前后应取标本送细菌培养与药物敏感试验，以便术后调整抗生素。

（2）止血带应用问题　视伤口出血情况而定，原则是以不用为好，因缠扎止血带不仅会增加判断组织活力的困难，还有使组织活力更加降低和厌氧性细菌更易生长的缺点。

（3）清创　清创要由浅入深，用锐利的器械剪除已失去活力的组织。扩大伤口，包括充分切开深筋膜，清楚显露创腔，清除其内的异物与积血。挫压伤的肌肉切至出血及钳夹刺激有收缩反应处，肌腱切至正常组织即可。对骨质的处理应持爱惜态度，细小的游离碎骨可以取出，同软组织与骨膜仍相连接的骨片应予以保留，游离的大骨片可在清洗后放回原位，以免形成骨缺损。可望一期愈合的伤口，断裂的肌腱与神经可作一期缝合，否则仅固定其断端以待晚期修复。彻底止血后，应再次冲洗伤口。

（4）骨折复位与固定　清创后要将骨折充分复位与固定，这有助于消灭创腔和消除骨断端对周围软组织的顶压，从而也有利于改善局部血液循环和预防感染。

（5）创口引流　这是减轻和避免渗血积液和防止感染的必要措施。可根据情况采用烟卷式、橡皮条或负压引流。放置引流物时，注意从伤口最深处引出，于24 ~ 48小时后取出。

（6）创面闭合问题　清创后将伤口闭合，争取一期愈合是治疗开放性骨折的基本原则，但伤口是否能够作一期闭合，必须根据伤后经历的时间、伤口污染程度及其性质、清创的彻底性和术后能否进行系统治疗等条件来决定。一期闭合伤口失败，其危险性比延期闭合更大。污染严重、来院较晚和清创不彻底的伤口，应采取延迟的一期闭合或二期闭合的方针，对严重开放性骨折尤为重要。保持伤口敞开时，应暂时用盐水纱布将其疏松覆盖，以后根据伤口发展情况再作清创、延迟一期或二期闭合。

## 二、固定方法选择与骨外固定

在开放性骨折治疗中，骨折充分复位与牢稳可靠地将其固定是一个重要问题。感染的骨折常是未复位的骨折。伤口经彻底清创后，骨折在良好的位置上牢稳固定有以下优点。

（1）为软组织伤的修复提供了必需的条件，如吻合血管、神经、肌腱与植皮等修复手术。

（2）可避免骨折端顶压周围软组织，有利于减轻软组织张力和改善局部血液循环，从而有防止伤口感染和促进软组织愈合的重要作用。

（3）可消除错位骨端所形成的无效腔，避免积血与积液而减少感染机会。由于骨折充分复位固定，骨折乃得以正常愈合和避免畸形愈合或不愈合，也有利于伤肢功能恢复。

骨折充分复位和牢稳可靠固定的重要性已被认识，但在固定方法选择方面仍有分歧。在开放性骨折治疗中，固定骨折的方法主要有外辅料夹、持续骨牵引、髓内钉、钢板螺丝钉与骨外固定支架等。总的来说，选用何种固定方法取决于解剖部位、损伤程度分类的型级、骨折类型与粉碎程度，以及有无多发伤和医师经验等。稳定的无其他并发伤的Ⅰ型开放性骨折可采用外辅料固定，为便于早期观察，宜先固定到伤口愈合，之后再次固定。持续性骨牵引主要是作为暂时措施，因这种治疗不足以保持骨折端稳定，如需再次手术处理创面，则必将干扰骨折的治疗。钢板和髓内针有较好的治疗效果，在早期彻底清创的基础上不会增加伤口感染率。使用内固定治疗开放性骨折的价值是毋庸置疑的，但内固定亦有其缺点与局限性，因不论用钢板或髓内钉手术内固定对骨的血液供应都有一定的破坏作用，这不利于骨愈合。如发生感染，则常拖延治疗时间。在骨外固定技术已有重大发展的今天，手术内固定治疗严重开放性骨折所显示出的缺点已被了解，大都认为手术内固定主要适用于Ⅰ型与Ⅱ型开放性骨折的治疗。

### 1. 骨外固定支架的适应证与应用

骨外固定支架的刚度因其组装构型不同而有差异。近代设计制造的大多数外固定支架，固定强度介于加压钢板和髓内针内固定两者之间。骨外固定支架的强度和刚度具有可调性，能满足骨折早期牢固固定和中后期弹性固定的需要，而经骨穿针又不干扰骨的血液供应，可从力学与生物学两个方面为骨愈合提供最有利的条件。骨外固定的临床特点原则上是在骨折区外穿针，即不干扰损伤区而达到固定的目的，能兼顾骨折固定和伤口治疗是其独特优点。适应证如下。

（1）伴有广泛软组织伤的Ⅲ型开放性骨折，特别是长骨严重开放性骨折，常使有可能截肢的肢体得以避免截肢。如有软组织缺损，亦便于施行一期或二期修复。

（2）伤口污染较重和受伤后超过6 ~ 8小时才入院的Ⅱ型开放性骨折，亦即内固定手术有可能发生感染的危险，而骨外固定支架安全可靠、容易使用，手术造成的创伤最小。

（3）骨折粉碎严重或有骨缺损的Ⅱ型开放性骨折，以及多段骨折，用钢板或髓内钉内固定比较困难，骨外固定可保持伤肢长度，治疗效果也好。

（4）伤口已有感染的骨折，骨外固定支架也是首选，这将便于治疗感染和固定骨折。内固定手术后发生感染的病例宜改用骨外固定治疗。

### 2. 骨外固定的方法

开放性骨折是在清创后穿放钢针，根据骨折固定所需要的稳定性选择骨外固定方法。在直视下先将骨折复位，然后再将钢针连接固定于外固定支架。如骨折为斜形或螺旋形，为保证固定牢稳可靠和早期功能锻炼，可用下述方法中的一种来增强固定的稳定性。

（1）加压固定为使骨折端能接受轴向加压，应在骨断面基底部用尖嘴咬骨钳修制一小骨槽，然后将另一骨折段之尖端嵌入槽内加压固定，可使骨折获得坚牢的固定。

（2）侧方对向穿针挤压在骨的两侧方穿放加压钢针挤压固定，但须注意钢针勿穿透对侧骨皮质。

（3）结合少量内固定。清创后用拉力螺钉固定，可达到骨折准确复位和显著增加固定的稳定性。

在严重粉碎性骨折或有骨缺损时，可采用多平面穿针外固定，以对固定针预加应力的方法增加固定的稳定性。骨折端间隙用自体松质骨移植促进骨愈合。

## 三、开放性自体松质骨移植术



自体松质骨可以治疗手术失败的骨不连。自体松质骨有较强的骨再生能力，能迅速同受区的血液循环建立联系（结合）和在很大范围内保持活力，即便存在严重感染，如能保持引流通畅，仍可达到完全骨愈合。自体松质骨是植骨的最好材料，这已为大量临床观察所肯定。Urist与Burny等实验研究证明，自体骨移植在受骨区的结合与转化有两种不同的途径，一种是通过存活的被移植的骨细胞形成新骨，另一种是通过骨诱导产生骨形成。骨诱导的这种生物学特性是骨基质中骨形态发生蛋白（bone morphogenetic protein，BMP）的非胶原蛋白所决定，而这种蛋白的功能取决于中性蛋白酶。诱导成骨必须具备三个条件，即诱导成骨刺激物，间充质细胞和有利于骨生长的血液供应。诱导成骨的过程是增补向骨祖细胞分化的间充质细胞和刺激骨祖细胞成熟为骨系细胞，再由骨衍生性生长因子刺激这种细胞的有丝分裂，从而形成大量新骨。新骨形成还必须有血液供应和骨折的稳定这两个前提，同时还要有骨传导（Osteo-Conduction）参与，通过爬行替代长入血管和新骨。为达到自体松质骨移植的效果，植骨区必须有良好的血液供应和牢稳固定。对严重开放性骨折和感染性骨折采用坚强的骨外固定支架，对有迟延愈合倾向和骨质缺损的开放性骨折施行自体松质骨移植，结果使骨不连与骨髓炎的发生率显著降低。

开放性自体松质骨移植，亦常被称为Papineau植骨技术，其含义是先手术切除伤腔，待出现血管丰富的肉芽组织形成时取自体松质骨填塞骨缺损，以及对有伤口存在的延迟愈合的骨折移植自体松质骨。用这种手术治疗是要努力同时达到根除感染、伤口结痂与骨折愈合的目的。现今结合采用固定牢稳的骨外固定，这种手术已较易实现伤口和骨折愈合。

### 1. 手术方法

术前小动物应有良好的全身情况。手术分两期进行。

（1）第一期手术　目的是通过彻底清创，建立良好血管化的植骨床。因此而要切除伤口内瘢痕肉芽组织与死骨，取出内固定物，刮剔螺钉孔与髓腔。打通骨髓腔，以使髓内血管向骨腔隙长出。暴露髓腔和施行去骨皮质术，有利于建立良好血管化的植骨床。完成清创后，要保持骨缺损区潮湿，用油纱布填塞创腔，每2 ~ 3天更换一次。用生理盐水纱布浸渍亦有同样的良好效果。

（2）第二期手术　一般是在第一期手术后1周施行，即在骨腔隙长出薄薄一层肉芽时开始。术中要细心保留肉芽组织。手术步骤是先取松质骨、胫骨结节、股骨髁，大转子区和髂骨后上棘部位是供选择松质骨的部位。取骨是通过骨皮质开窗用圆形或卵圆形刮匙进行。关闭和隔离供骨区后，再按下述步骤开始植骨。

① 用生理盐水缓冲创腔以除去污染，但须注意不要损伤新生的肉芽组织。

② 将松质骨制成1 ~ 3 mm大小的骨块，轻轻充填骨腔

隙。植骨量要足够，填塞时要注意与植骨床紧密接触而不留空腔。适当压紧植骨将有利于移植骨和受区的结合与转化成骨。

③ 无骨质缺损的延迟愈合骨折，植骨块应紧贴骨折区放置，以尽快达到骨性桥接。

④ 用盐水纱布块或浸有抗生素溶液的纱布块覆盖创面，继续保持潮湿。

⑤ 要使骨外固定支架能够为骨折提供确实可靠的固定。植骨区力学上的稳定是移植骨在受区结合和转化成骨的决定性因素之一。



### 2. 手术后处理

通常是在手术后第5天更换敷料，要继续保持湿润和创面清创。暴露的植骨表面因红细胞分解而呈棕色，但能迅速消失。表面的网状脂肪要细心除去，不要扰动仍可移动的植骨块，注意保持良好的引流。植骨面在1 ~ 3周内将逐渐长出肉芽。如植骨表面坏死发黑，在除去浅表坏死的松质骨后，植骨就可被新鲜的肉芽组织覆盖。一般在术后第1个月肉芽组织就能将植骨覆盖。在肉芽面上皮化之前，可用皮片移植消灭创面。任创面自发地上皮化，这将导致创面结痂愈合。骨性愈合一般需1 ~ 3个月，如骨愈合不能完全肯定，则需用外固定保护1 ~ 2个月。骨干缺损者，用自体松质骨移植，外固定保护多需延长至术后2~3个月。松质骨形成的新骨改建速度较慢，质亦较脆，术后应防止折断。

在适当的清创和用外固定支架将骨折牢稳固定后，先用局部转移肌瓣覆盖骨缺损，约在1周后再行二期手术，用自体松质骨充填骨缺损，同时用带洞孔的中厚皮片覆盖转位的肌肉，则骨折愈合更为迅速，感染复发的机会显著减少。

## 第三节 软组织缺损的修复

四肢长骨严重的开放性骨折，常合并软组织缺损，其中桡尺骨和胫骨为多见。对于这类损伤，以往主张尽量采取一期闭合创面的原则。由于严重开放性骨折，尤其是砸压和车祸伤，软组织不仅缺损，尚存的皮肤往往亦有较重的挫伤，而界限又不清楚，初期外科处理时，难以一次性清创彻底。因此，最近有不少学者主张，胫腓骨和桡尺骨严重开放性骨折合并软组织缺损者，应视伤情处理，不要一律地采用一期闭合创面。

闭合创面的方法较多，但选用闭合创面的方法，应以简单、安全与实用为原则。本节将简要地介绍以下几种，可根据骨折和软组织缺损的部位、损伤范围，结合骨外固定支架情况加以选择应用。

### 一、无张力下的直接缝合

和肢体轴线平行不大的软组织缺损，如有深部组织外露，彻底清创后宜直接缝合皮肤。但绝不应为了直接缝合而影响清创的彻底性或在有张力较大情况下勉强缝合。同时要对术后肢体肿胀的可能程度有充分估计。如闭合伤口有张力，则应作相应的减张切开。传统的减张切口是在皮下层进行游离，其血运靠真皮下血管网提供。如切口太长，皮肤中央部位血供往往不佳，如皮肤已有挫伤，则血供更差。为防止减张切口处皮肤坏死，最好减张切口深达深筋膜深面，在深筋膜深面行潜行游离。这样，其上皮肤血供可来自深筋浅层和真皮下两个血管网，血运相当丰富。然后直接缝合伤口，减张切口形成的创面一期植皮，或行延迟的一期植皮。

## 二、延迟闭合创面

有的四肢开放性骨折，软组织缺损较大，而附近皮肤又有不同程度的挫伤，界限往往不甚清楚。在这种情况下，经彻底清创后，贸然使用局部皮瓣或肌（皮）瓣转位覆盖，皮瓣有坏死的可能。其稳妥的方法是延迟闭合创面。

方法是，首先行彻底清创；再行骨折外固定支架固定，创面包括骨外露创面填以碘仿纱布或油纱布，然后包扎伤口。3 ~ 5天后，观察伤口。如创面新鲜，无坏死组织，再用邻近皮瓣或肌（皮）瓣闭合创面。如有部分坏死组织，再行二次清创，同时用局部皮瓣或肌（皮）瓣闭合创面。根据临床经验，这样做有以下优点：由于损伤较重，初期外科处理时难以一次性清创彻底。二次清创时界限清楚，可彻底清除失活组织。经3 ~ 5天观察及处理后，局部炎性反应已大部分消退，有利于选择皮瓣或肌（皮）瓣，其成活率较高。

## 三、游离皮片移植

又称游离植皮，用于一期修复皮肤缺损者，多采用中厚皮片移植。如裸露的骨折无法用健康的皮肤覆盖时，可用邻近的软组织或肌瓣转移先行覆盖，再用皮片移植消灭创面。该法技术操作简单，尤其适用于大面积皮肤缺损。只要处理得当，皮片成活率甚高。中厚皮片可选自同侧或对侧大腿的前内侧和腹部。适用于有健康软组织、无骨、肌腱或重要神经，血管外露的创面，以及非关节和非负重区。因此，胫腓骨开放性骨折合并后外侧皮肤缺损者，可选择中厚皮片移植。游离植皮成功的关键是，剖面止血彻底，加压包扎（常用打包加压法）和肢体制动。

## 四、双蒂筋膜皮瓣移位

四肢皮肤的血供有以下来源：隐动脉的皮支、腘动脉、胫后动脉、腓动脉、腓浅动脉的直接皮动脉和肌皮动脉。上述皮支在深筋膜浅层形成丰富的血管网，并与真皮下血管网有众多的交通支连接。因此，筋膜皮瓣的血运，除来自真皮下血管网外，更多的来自深筋膜浅层血管网，血运相当丰富。如在深筋膜深面进行解剖，不切断上下端的皮肤和深筋膜，即形成一血运良好的双蒂筋膜皮瓣。该筋膜皮瓣可覆盖皮肤缺损处。其优点是，手术方法简单，成功率高，移动性好。

## 五、单蒂筋膜瓣或筋膜皮瓣移位

如前所述，深筋膜浅层有一丰富的血管网，可利用此血管网，形成单蒂筋膜瓣，转位后覆盖裸露的骨创面，在其上再进行游离植皮。亦可连同皮肤一起转位，形成单蒂筋膜皮瓣，转位覆盖创面，再于供区行中厚皮片移植。于其深筋膜深面先行解剖。然后于皮下组织层作锐性解剖，注意勿靠近深筋膜浅层，以免损伤浅层血管网，达到需要范围后，切断筋膜瓣的外/内侧和远侧，以其近侧为蒂。将此筋膜瓣转位覆盖外露胫骨。再在其上行中厚皮片移植。供筋膜瓣处皮肤应一道加压包扎。

如采用其上皮肤一道转位，即单蒂筋膜皮瓣时，手术方法更简便。即先行深筋膜下解剖，然后按需要皮瓣的大小，切开皮瓣外侧缘和下缘，保留上缘皮肤和深筋膜不切断作为蒂，然后转位覆盖创面。

单蒂筋膜皮瓣与传统的局部转移皮瓣是不同的。其区别是，前者在深筋膜深面解剖，而后者是在皮下层解剖。因此，前者血运丰富，且不受长宽比例限制，后者受长宽比例限制，通常为1∶1.5，超过此范围，皮瓣有坏死可能。

## 六、游离皮瓣移植

对于某些病例，不能采用上述方法处理者，为了有效地覆盖创面，在具备必要的条件时，可应用游离皮瓣移植术。游离皮瓣的供区较多，首先应考虑供区皮瓣的血管解剖较恒定、血管蒂较长、口径较大的部位，其次应选择供区比较隐蔽、皮下组织较少之处。因此，肩胛背皮瓣、胸外侧皮瓣等应优先选择。游离皮瓣移植的成功与否，除设备条件外，取决于创面彻底清创，尤其是血管的清创以及皮瓣的正确切取和血管吻合技术。

第七章

# 长骨干骨折不连接的骨外固定支架治疗

骨折不连接或称假关节，是常见的骨折后期并发症之一，多发生在胫骨与股骨，其次为肱骨、尺骨及桡骨。骨折不连接的治疗比较复杂，手术植骨内固定虽仍是目前最常用的治疗方法，但究竟如何治疗骨不连，认识上并不一致。近年来，由于有关骨愈合基础理论的研究，以及相关学科的发展和对骨不连认识的提高，在治疗方法改进与疗效提高方面均取得重要进展。基于对骨形成的生物力学作用因素的了解，临床上采用电刺激、镭射和骨断端间加压外固定治疗骨不连已取得部分成功。不切开剥露骨断端，不切除硬化骨端及其周围瘢痕纤维组织，不采用植骨与内固定手术也能达到骨愈合。这种治疗结果提出了骨不连治疗中的生物学和生物力学问题，本章将重点介绍骨外固定支架治疗各种类型骨不连，其中包括伴有四肢短缩或骨缺损的骨不连。同期重建伤肢长度，这将有助于最大限度恢复伤肢功能。

# 第一节 骨折愈合及骨折不连接的原因

骨组织具有再生性修复的生物学特性，骨折愈合就是这种修复功能的表现。骨折的修复过程极为复杂，它包括组织学、生物化学与生物物理等方面的变化，其过程要持续到骨组织恢复它原来的生物力学性能才停止。局部与全身的许多因素会干扰骨折愈合的生物学与生物力学机制，使其过程减慢或停止。骨折不连接是指骨折后再生性修复功能在骨痂形成阶段完全终止，骨断端间没有连续性骨痂通过，由纤维骨痂连接或无任何连接，如不进一步采取有效措施，则骨折就不可能愈合。近年来对骨折愈合进行的大量基础研究，正在被用来改进骨折和骨折不连接的治疗。

## 一、骨折的愈合

骨折的愈合是指骨断端以骨组织的再生来修复，但其愈合方式在不同力学环境下可表现为一期愈合或二期愈合。一期愈合只是在骨折端解剖复位和坚强的加压内固定条件下才会发生，它不经由软骨内化骨或膜性成骨，而是通过哈佛氏系统重建而直接连接，X射线片上不显示骨痂。二期愈合是非坚强固定形成的连接，其过程要经历三个主要阶段，即创伤性炎性反应与肉芽形成阶段，骨痂形成阶段与骨痂塑形阶段。不同力学环境影响下的这两种骨愈合方式，本书有关章节已有较详细的叙述。本节侧重介绍骨折愈合早期中有关生物学与临床方面的某些问题。

一旦发生骨折，参与骨折修复的各种细胞便开始活跃，其中有从基质细胞系统来的间充质细胞、成纤维细胞、内皮细胞、骨祖细胞及骨髓干细胞，有从造血系统干细胞演变而来的单核细胞与巨噬细胞，以及再由单核细胞分化融合成的破骨细胞，其质细胞存在于软组织、骨及骨髓，直接和骨组织形成有关。位于骨折处的这些细胞，从炎症反应开始，在自分泌、旁分泌及内分泌产生的肽类物质作用下，从脱矿质骨基质释出的骨形态发生蛋白（bone morphogenetic protein，BMP）以及基质的其他生长因子刺激下不断增殖或增殖并分化，形成足够量的骨痂，并且吸收多余的骨痂以恢复骨的原来的结构与功能。这个复杂的修复过程，是在组织环境及细胞与细胞、细胞与骨基质之间的相互作用下，通过爬行替代和骨诱导来完成的。

BMP是诱导成骨的刺激物，它的靶细胞是血管周围的、游走的、未分化的间充质细胞。在BMP的作用下，间充质细胞可分化为成纤维细胞、巨噬细胞和骨祖细胞。成纤维细胞还可在血小板生长因子和成纤维细胞生长因子的刺激下增殖，除合成、分泌胶原、形成纤维骨痂外，在其周围基质钙化和形成骨组织后还演变为骨细胞，直接参与成骨过程。骨祖细胞是存在于骨膜生发层、骨髓与哈佛氏腔隙内，以及软组织血管的四周，它在骨衍生性生长因子的作用下增殖并分化为成骨细胞与成软骨细胞。骨祖细胞演变为成骨细胞或成软骨细胞，这取决于患者年龄、局部的血液供应及应力情况。年龄越小，骨折固定差，骨断端活动多应力大，以及血供应不足和氧张力低，骨祖细胞就越多分化为成软骨细胞，反之就更多地分化为成骨细胞。成软骨细胞在自分泌的软骨生长因子的作用下分裂繁殖。成骨细胞是甲状旁腺素（内分泌）的靶细胞，不仅可减少成骨细胞分散和维持其连续排列的作用，还可刺激成骨细胞的增加。成软骨细胞成熟为软骨细胞后形成软骨骨痂，再通过软骨内化骨模式参与骨折修复。成骨细胞伴随毛细血管进入纤维骨痂，在血管之间沉积骨组织，形成交织骨并不断增多，骨性骨痂终于完成对骨折端强固的连接。这种交织骨连接亦称原始骨痂连接，最后还要按照力学原理进行改建。通过成骨细胞和破骨细胞的活动，吸收掉多余的骨痂和把原始骨痂改造为成熟的板状骨，构成新的哈佛氏系统。

在骨折端间形成血肿时，来自骨膜、髓腔和周围软组织的新生血管便逐渐长入血肿，伴随血管进入的间充质细胞增殖和分化为成纤维细胞、吞噬细胞、骨祖细胞及由此分化而来的成软骨细胞与成骨细胞。血清被吸收与机化而形成肉芽组织，随之形成纤维骨痂，将骨折端初步粘连固定在一起。位于骨折处的骨祖细胞的增殖及分化，几乎与伤后早期的充血变化同时出现。伤后一周内，在血管周围便出现小的成骨区，此时纤维骨痂乃开始向原始骨痂阶段过渡。这个时期，骨痂脆弱，如肢体未牢稳固定，容易断裂出血，重复进行修复活动。如果长期处于纤维骨痂阶段，则骨愈合将会延迟，甚至导致骨不连。骨断端的间隙过大、骨断端间存在剪式活动或扭力，骨折端面上将沉积纤维组织，使骨折再生性修复活动受阻而不能连接。

## 二、骨折不连接的原因

骨折愈合是一个连续不断的过程，为保证这个自然发展过程能正常进行，必须对骨折端提供良好的复位和牢稳可靠的固定，以防止骨折端移位和保护新生的血管及生长的细胞。良好的固定与血液供应是骨折正常愈合必需的先决条件。

骨不连的发生通常和下列因素有关。

### 1. 固定不良

固定未达到牢稳控制骨断端对位和保护正在形成的新生血管及嫩弱的骨痂。剪式应力将促使骨折区域产生纤维组织，破坏骨折愈合的正常进程，结果可导致骨不连。

### 2. 感染

感染会引起过度的充血，增加骨折端的坏死与吸收，破坏血管再生与骨痂形成。严重感染可因骨断端的吸收而形成较大的骨折间隙，感染又常因未能牢稳固定骨折而造成固定不良的后果，骨折修复过程可完全中断。

### 3. 反复多次的复位

反复多次复位与揉捏骨折，将加重软组织损伤程度，进一步造成骨膜损伤和血管的损害，特别是在肉芽组织形成和纤维骨痂阶段。持续地充血，也不利于成骨活动。如骨折修复长期处于纤维骨痂阶段，则易形成纤维瘢痕组织。

### 4. 过度牵引

过度牵引将造成骨折端分离，特别是用过重的力量维持较长时间的牵引将造成肌肉弹性损害，使肉芽组织内的毛细血管因牵张力而被绞窄，骨折可延迟愈合或发生不愈合。

### 5. 软组织嵌入

骨断端间嵌有肌肉组织，这将阻碍骨折连接，因肌肉不易为骨组织所替代，骨折的修复活动难以进行。如未及时发现和手术排除肌肉嵌顿，则将形成骨不连。

### 6. 不合理的固定

固定范围不够，未能防止骨断端的旋转活动，如没能有效控制尺桡骨的旋转，旋转（扭力）与剪切应力将破坏骨痂形成而造成骨不连。

### 7. 手术不恰当

不合理的手术内固定，手术操作粗暴，广泛剥离骨膜，内固定物长度不足，螺钉太靠近骨断面或未穿出对侧骨皮质等。内固定强度不够而在术后又未辅以适当的外固定或过早承重，可导致骨不连。

### 8. 骨折端血液供应不足

骨折端血液供应障碍，主要是指股骨颈骨折的头部与尺骨和胫骨远端骨折，缺乏血液供应的一段容易发生缺血性坏死。

从上述的骨不连原因可以看出，骨不连除了骨骼自身生理性的特点以外，还和手术方案以及术者的技术有很大关系。重视上述因素，可以最大限度防止发生骨不连的情况。

# 第二节 骨不连的诊断与分类

形成骨不连的原因不一，其病理和病理生理也存在着差异。在进行治疗之前，必须对它的临床表现和病理类型有所了解，以有助于选择治疗方法和提高治疗效果。

## 一、骨不连的诊断

骨不连是指骨愈合过程的中断，如不采取进一步的积极处理，绝不会发生骨愈合。

延迟愈合只是愈合速度慢一些，如再固定一段时间，骨折仍能愈合。确诊骨不连必须具备以下三个条件。

### 1. 临床

骨折无临床愈合征象，最肯定的体征是骨断端之间有异常活动。但在有内固定物存在时，骨断端之间没有异常活动，这时主要是依据局部按压和轴向叩击有无痛感表现。承重活动时患肢的运动表现，如患肢是否着地、有无间歇性着地等。

### 2. X射线片

不论骨折端有无骨痂、硬化、萎缩疏松以及髓腔是否闭塞，也没有连续性骨痂通过骨断端间隙。

### 3. 时间

骨折愈合的时间，可以有很大差别，但诊断骨不连仍需要有时间概念。一般说，幼年动物骨折后20天、成年动物2个月后仍未有愈合的情况，就可初步诊断为骨不连。当然，动物个体的差别判断骨不连或者确诊骨不连不能单凭时间这一因素，还必须结合临床征象和X射线片的表现来加以综合考虑，不能轻易下结论。

少数骨不连可形成真正的假关节，骨断端有纤维性关节囊包绕连接，其中还有由血清形成的关节液。骨不连和真正形成的假关节在治疗方法选择上有时不完全一样。恒定直流电刺激对真正形成的假关节无效。



## 二、骨不连的分类

骨不连的分类主要是根据有无感染和骨折端的活力程度。了解骨不连的类型，对选择治疗方法及预后有重要意义。

### 1. 借鉴和参考 Judet分类法

根据放射同位素锶85闪烁扫描，按照核素集聚表示的骨活力，骨不连分为以下两类。

（1）血供丰富或有活力的骨不连

① 象足型或肥大型：骨断端硬化，增生肥大如象足，血供丰富，成骨能力好。

② 马蹄型或轻度肥大型：骨断端轻度肥大与硬化，髓腔闭塞。

③ 乏营养或无骨痂型：骨经放射性同位素扫描，显示骨断端仍有活力，但骨折端不肥大，无骨痂反应。

（2）缺血性或无活力的骨不连　这类骨不连断端血供不良或无血液供应，缺乏成骨活性，通常所谓的萎缩性或缺血性骨不连即属此类。缺损性骨不连即使断端有活力，但新骨无法越过骨缺损，骨断端也无应力刺激，骨断端随着时间的推移而萎缩，故亦列入此类骨不连。

### 2. AO学派的分类法

AO学派的分类首先是根据骨有无感染或曾有过感染来分类，然后再鉴别非感染性骨不连的类型，但这是以骨断端的成骨反应为依据。

（1）非感染的骨不连

① 增生反应性有血运的骨不连，所谓的象足型与马蹄型骨不连属于此类。

② 萎缩性、无反应性及多数缺血性骨不连：X射线片上的表现是骨端无任何骨反应。这类骨不连除需稳固内固定外，还需行广泛皮质剥离术及植骨。随着内固定使用的增加，此类骨不连的发生率已无显著作用。

（2）曾有感染的骨不连　可再分为骨端有接触和有骨缺损两类。

（3）存在感染窦道的骨不连　这类骨不连有骨不连的愈合及感染的清除两个问题，而最主要的问题是骨不连的愈合。

## 第三节 骨不连治疗的进展

骨不连的愈合，主要取决于骨断端固定的稳定性和生物活性两个因素。治疗骨不连有内固定术、骨移植术、带血管的骨移植术、电刺激疗法和光疗法及外固定支架治疗等方法。选择治疗方法时，要综合考虑骨不连类型、局部软组织条件与全身情况等因素，根据实际情况选用相应的治疗方法。本文是介绍其中的某些进展，一般治疗方法不再叙述。

## 一、骨移植术



骨移植术已有100多年的历史，现今仍是常用的治疗方法，确认有效果较为可靠的优点。既往对自体骨移植的成骨机制是用“爬行替代”（移植骨植入之后，被宿主逐渐吸收，并由新骨予以替代，称之为爬行替代）予以解释。近年来的大量研究结果表明，移植骨的成骨活动还包括诱导成骨过程，Urist继用脱钙骨基质（DBM）在肌肉内诱发异位成骨成功（1965）后，又在1982年提纯了诱导成骨的刺激物骨形态发生蛋白。现已了解在骨形态发生蛋白的诱导下，受骨上的间充质细胞将分化而演变为新骨。移植骨的复活机制包括爬行替代（骨传导）和骨诱导。骨形态发生蛋白在动物实验中的诱导成骨效果是惊人的，但还没有达到临床实用化的阶段。

同种异体骨和异种骨都存在移植免疫排斥反应。现已证明用煮沸法或脱蛋白法减少免疫反应，有破坏骨诱导与骨力学强度小的缺点。用异体骨加自体红骨髓复合移植能加速新骨形成，有效地修复骨缺损。自身红骨髓含有直接与骨组织形成有关的基质细胞及骨祖细胞，可被诱导成骨。Salama（1978）用异种骨加自体红骨髓复合移植，异种骨需要抗原性弱，他还倡议用去蛋白的异物骨作为骨库供应的一种材料。但是，目前仍认为冷冻干燥法储存的同种骨能显著削弱抗原性，优于深低温储存骨，仍是较好储存骨的一种方法。

## 二、带血管的骨移植术

自 Taylor 于1975年报告用吻合血管的游离腓骨治疗胫骨大段骨缺损以来，临床上大都获得成功，并发展到带肌蒂的骨移植及带血管的骨膜移植。带血管的游离骨移植手术对术者知识和岛微外科技术要求高，该法不能取代常规植骨法。为判断术后血管是否通畅和植骨是否成活，血管造影和同位素扫描可用作评定的方法。但同位素扫描应在术后一周内进行，否则因移植骨表面有一层新骨形成而不可靠。

## 三、电刺激疗法和光疗法

电刺激疗法是在 Yasuda 对机械应力电位的研究基础上发展起来的，证明受压的凹侧呈负电位，凸侧（张力侧）产生正电位。在活体，凹侧产生新骨，凸侧出现骨质吸收。实验证明，导入微量直流电亦能刺激骨生成。Friedenberg 等于1971年首先报告用直流电刺激治愈1例胫骨踝部骨折不连接。1974年 Bassett 第一次报告用脉冲电磁场治疗骨不连。其后陆续有许多成功的报道。

目前用于临床治疗骨不连的电刺激方法，有恒定直流电、脉冲电刺激、电磁场与电场及驻极体等。其中以恒定直流刺激（半侵入法）和低频脉冲电刺激最常用。前者一般是用阴电极导入，刺激电量为10 ～ 20μA；后者是置于体外，线圈中心对着骨折端，在骨折区的骨上产生微小的间断电位以促进骨不连愈合。据 Bassett 综合24个医院用电磁场治疗220例骨不连与先天性假关节，骨愈合率为81%。文献资料表明，不论用哪一种刺激方法，电流量若能掌握适当，对骨折迟缓愈合与骨不连均能取得较好的效果。但是，临床应用中必须注意同时将骨折牢稳固定，骨断端间隙要小于5 mm，大于5 mm者疗效很差。

光疗法基于其方便性、无创性、效果显著等特点在宠物医院日益普及。不同波长的光子会引起不同的生物作用，光子的波长在治疗中很重要。光可以有效准确地直达病灶进行治疗。光理疗在临床治疗中，对镇痛、炎症调节、改善微循环效果显著，可加速组织修复和伤口愈合。主要是通过血液和线粒体细胞内的水、血红蛋白以及体内各种酶对光的吸收，从而干预或者加速自身的代谢来达到身体的自我修复。



## 四、外固定支架治疗

骨外固定支架治疗骨不连，是指在骨不连接处的上下骨段经皮穿针，再用骨外固定支架加压固定骨断端。在压应力的作用下，骨断端间的纤维组织和软骨可很快转化为成骨。Mtiller与 Jude于1956年首先报告用他们研制的外固定支架加压治疗骨不连，但 Mtiller在以后更多的是用加压钢板或髓内针作坚强固定治疗增生反应性有血运的骨不连，他认为硬化的骨端无须切除，也不需植骨。

近年的许多研究资料表明，大多数骨不连的断端都有良好的血液供应，骨不连主要是由于缺乏牢稳可靠的固定。骨愈合除细胞生物学机制外，同应力的关系亦十分密切。根据 wolff定律，活骨总是以对它最有利的结构反应产生形态改变来适应的，张应力和压应力将促进骨生成。Roux

（1895）认为纯压力和纯张力能驱动成纤维细胞向分化成骨方向发展，剪应力使产生纤维组织。Pauwels强调指出："骨不连的治疗是一个力学问题，除纯压力外，如消除剪力、移动或扭力，则骨不连将在短期内骨化。在坚强固定下骨不连组织将转化成骨。"

在骨不连的治疗中，牢稳固定和压应力的生物学效应已为大量临床观察所证实。为避免高刚度内固定所造成的较大的应力遮挡效应，用细克氏针作多平面外固定，通过骨端间加压增强固定的稳定性和提供生物力学刺激。因此，加压外固定能较好地从力学和生物学两方面为骨不连的愈合提供有利因素。

## 第四节 加压外固定支架治疗骨不连

加压外固定可使骨断端紧密接触对位，并因骨断端间产生的静态摩擦而增强固定的稳定性。如前所述，压应力能驱动成纤维细胞向成骨方向演变，而骨小梁是按应力线方向排列的。因此，压应力不仅有促进骨愈合的作用，同时也使骨建立最有利的力学结构以适应需要，但应力分布对骨愈合质量有明显影响。外固定支架由于几何形状不同而使其内在稳定性不同，在和骨骼连接形成外固定支架–骨复合系统时应力分布和传递也是不同的。因此，用加压外固定治疗骨不连时，必须注意对外固定支架的选择。

单平面单侧外固定犹如加压钢板内固定，骨断端应力分布不均，为偏心受力。多平面穿针外固定可对骨断端均匀施力。半环槽式外固定支架是采用克氏针交叉穿针，通过体外力学测试（电测法），观察新鲜尸体胫骨固定条件下的应力场分布，以及固定钢针数目、针直径和骨断端加压固定对应力大小与分布的影响。实验结果表明，对胫骨表面应力分布无显著影响，应力遮挡率小，用克氏针与三环加压固定，最大应力遮挡率2.901%，不加压固定为7.083%，能对骨断端均匀施力，受载时骨断端均受压；增多针数，增大针直径与加压固定既能提高骨外固定刚度，又能显著降低应力遮挡率。



## 一、加压外固定支架治疗的优点、适应证及方法

### 1. 加压外固定支架治疗的优点

用半环槽式外固定支架加压外固定治疗骨不连，和植骨与坚强内固定相比较，加压外固定具有以下优点。

（1）方法比较简便，创伤小，不进一步损伤局部血液供应，有利于骨愈合。

（2）多平面穿针加压固定有可靠的稳定性，应力分布比较均匀，应力遮挡小。

（3）固定牢稳可靠，可早期进行功能锻炼，使骨处于功能状态。

（4）不受局部软组织瘢痕影响，存在感染时于病灶区外穿针仍可立即进行治疗。

（5）骨愈合快，愈合率高达93% ~ 100%。

加压外固定除能从机械力学上为骨断端提供牢稳固定，还有改善局部血液供应与加强骨代谢活动的生物效应。这种生物学效应可能与压电效应相关，因机械压力的直接效应是改善细胞功能和骨的形态与结构，间接效应是把机械转换成电能，改变间充质细胞的电性和电化学环境而促进

其分化及钙盐沉积。加压外固定能使骨不连愈合，很可能同压应力改变间充质细胞和成纤维细胞的组织环境有关。在这一特定条件下，这两种细胞向成骨细胞分化的潜能被激活，纤维性骨痂乃重新向成骨方向演变而完成骨愈合。

### 2. 加压外固定支架治疗的适应证

根据加压外固定的优点、文献报道和我们的治疗经验，加压外固定支架治疗骨折不连接有较广泛的适应证。

（1）无骨缺损的稳定性骨不连　骨断端为横断型的骨不连，无须切开暴露骨断端清除纤维骨痂或纤维软骨骨痂，也无须切除硬化的骨断端，可直接经皮闭合穿针加压外固定。

（2）不稳定性骨不连　为使骨断端能接受加压固定，必须切开暴露骨断端，要适当修整骨端使能接受加压固定。

（3）局部软组织瘢痕多的骨不连　这种骨不连多发生于严重开放性骨折和有过长期感染史的小动物。如用植骨与内固定手术治疗，为保证植骨床有良好的血液供应，通常都采取分期手术治疗原则，即先换皮再作植骨与内固定治疗。如采用加压外固定治疗，则无须先施行瘢痕组织切除和皮瓣修复的预备性手术。有减少小动物痛苦和缩短治疗时间的优点。

（4）感染性骨不连　可立即采用骨外固定支架治疗。如有骨缺损，可先施行病灶清除，待有新鲜肉芽组织形成时，再施行自体松质骨移植术（Papineau 植骨技术）。这是首选的治疗方法。

（5）多次手术失败的骨不连　这种骨不连的局部因有较多的纤维瘢痕组织，骨断端的成骨能力亦因多次剥离和内固定而显著低落，加压外固定支架能为这种骨不连的骨愈合提供有利的生物力学条件，而无须为提供血供丰富的植骨床而施行复杂的预备性手术。

（6）合并四肢短缩的骨不连或骨缺损　如不存在肢体延长的禁忌证，可在加压外固定支架治疗骨不连的同时，用骨骺牵伸或干骺端截骨延长术同时恢复伤肢长度，这能显著缩短治疗时间和最大限度恢复伤肢功能。

### 3. 加压外固定支架治疗骨不连的方法

实施加压外固定支架治疗骨不连时，为获得确切的治疗效果，必须注意下述几点。

（1）外固定支架选择　并非所有的骨外固定支架都能用于治疗骨不连，应选用能提供固定牢稳可靠和允许小动物进行早期功能锻炼的外固定支架。半环槽式外固定支架轻便，所用直径为0.5 ~ 2.5mm的克氏针富有弹性，功能锻炼时可产生生理性应力刺激，有利于骨不连愈合。

（2）穿针原则　严格遵守无菌操作技术。骨不连近心骨段穿放1组钢针，远心骨段穿放2组钢针。要尽可能在病灶区外穿针，每组的两根钢针应在同一平面骨内交叉，呈25° ~ 45°夹角。成角与旋转畸形要在固定前先用手法矫正。

（3）加压固定　组装外固定支架后，向中心拧旋近心螺杆上的螺母使骨断面紧密接触。骨断端间隙较大，一次难以完全加压接触的，术后1周可再适当加压一次。胫骨不连如腓骨已愈合，则应在加压固定胫骨前先斜行截断腓骨。不稳定性和错位的骨不连应先适当修整骨断面和整复对位，使能接受加压固定。

（4）萎缩性或缺血性骨不连　这类骨不连并不需要植骨，单纯采用加压外固定也能使骨不连愈合，如结合微量直流电刺激或脉冲电磁场治疗，则骨愈合更为迅速。用直流电刺激治疗时，插于骨内的阴极易变位，需定期拍摄X射线片校核电极在骨内的位置。用加压外固定者，经绝缘处理的阴极尾端，可固定于外固定支架上。

（5）感染性骨不连　宜同时施行病灶清除术，取出死骨及一切坏死组织，保持通畅引流。如有需要，可施行开放性自体松质骨移植。

（6）早期功能锻炼　当穿针手术创伤反应消失后，应当让小动物负重行走。功能锻炼可产生间断性应力刺激，在牢稳固定骨断端的条件下，有利于驱动骨不连组织向成骨方向演变。

（7）固定时间　根据动物年龄等因素一般固定后10天至1个月可见骨愈合症状。同时开始适当减少固定强度，其方法是卸去前方螺杆和拔除远心骨段上的一组钢针。停用骨外固定支架时，最好再用夹板等材料保护患肢1周。

外固定支架加压治疗期间，要注意保持针孔部清洁干燥，定期更换敷料。全针固定因钢针贯穿肌肉，进行关节伸屈活动时速度要慢、频率要小、活动幅度逐渐增加。小动物过于活泼时，易拉伤肌肉，产生浆液性渗出和并发针道感染。

## 二、加压外固定支架结合肢体延长治疗伴有长骨短缩的骨不连与骨缺损

伴有长骨短缩的骨不连与骨缺损，多是开放性骨折后长期感染、骨不连多次植骨内固定手术失败或骨髓炎大块死骨切除所致。由于存在大量瘢痕组织和潜在感染，常规的植骨治疗易遭受失败。先切除纤维瘢痕组织和用皮瓣或

肌皮瓣改善局部血液循环，以后再行植骨内固定支架治疗或用带血管骨移植的分期治疗原则，是以骨愈合为目的，同时用骨延长技术重建伤肢长度，矫正其肢短缩的情况，改善患肢功能。

### 1. 手术指征的选择

本手术特点是在用加压外固定治疗骨不连的同时，以骨骺端部位的骨延长矫正伤肢的短缩畸形。其手术指征如下。

（1）骨延长部位必须无软组织瘢痕，包括紧邻的骨干部位在内，瘢痕组织无弹性，不适应牵伸延长，是骨延长术的禁忌证。

（2）骨折并发感染者，感染完全停止。原发疾病为骨髓炎者，手术应在感染完全停止并稳定后施行。

（3）骨短缩骨干缺损者，如果骨短缩过大，不能作上下干骺端同时截骨延长，否则骨延长区骨愈合时间太长而需采用植骨治疗。

（4）年龄指征和骨延长通常要求相同。骨骺未闭合者，行骨骺牵伸延长为最好。

骨折不连接伴有四肢短缩或骨缺损性骨不愈合，其瘢痕组织分布范围大多和骨不连或骨缺损部位一致。由于这一创伤病理特点，常有选用本疗法的机会。

### 2. 手术方法

应采用半环槽式外固定支架，其骨圆针直径为0.5 ~ 2.5mm。

（1）骨不连断端间加压外固定　稳定的和无骨缺损的骨不连是于上、下骨折段各经皮交叉穿放1组钢针，每组的

2根钢针在同一平面骨内交叉呈25°～45°角。不稳定的和有骨缺损者，先切开显露骨断端，切除妨碍骨端对合的断端间瘢痕纤维组织。适当修整断端，使其能接受轴向加压固定。加压固定的两组钢针要尽可能靠近骨断端，切口须避开瘢痕皮肤。切勿剥推和骨粘连的瘢痕，以免术后伤口发生坏死。为保证胫骨断端紧密接触固定，如腓骨已愈合，则应先将其斜行截断。

（2）肢延长　根据软组织瘢痕部位和骨骺能否牵开，选择无瘢痕组织的骨端作骨骺牵伸或干骺端截骨延长。幼年动物胫骨干大段骨缺者，用骨骺牵伸延长法修复；成年动物则先作断端间加压固定，再作上、下干骺端截骨延长（多段截骨延长术）矫正伤肢短缩畸形。手术反应消失后开始延长，通常是在手术后5～7天。每日延长1～1.25mm，分2～3次完成。多段截骨延长是各部位每日分别延长1mm。

（3）术后护理　要时常观察肢体远端血液循环和知觉变化。保持针孔部清洁干燥。让小动物早期负重进行功能锻炼。定期拍摄X射线片校核延长度与观察骨愈合。

治疗骨不连的同时重建伤肢长度，有利于充分恢复伤肢功能。利用骨不连部位延长伤肢，因局部存在瘢痕组织而使延长度受到很大限制。骨骺牵伸与干骺端截骨延长是无瘢痕的骨端，由于血供丰富和成骨能力强，具有骨再生修复速度快、新骨质量好和能作较大幅度延长的优点。骨干大段骨缺损用两断端间加压固定和结合多段截骨延长，可有效地缩短疗程。因此，我们认为，在加压外固定治疗骨不连的同时，行无瘢痕段的骨端延长，比较符合创伤病理解剖的特殊要求。

骨不连的治疗比较复杂。如何治疗骨不连，认识仍有明显分歧。这里涉及是否需要切开手术、植骨及硬化骨端处理等基本问题。近年来，有关骨愈合的生物力学与生物学等方面的基础研究，促进了治疗方法的改进和治疗效果的提高，骨外固定支架是其中的重要进展之一。临床治疗结果表明，切开手术，切开硬化骨端和植骨并非必需。大量临床观察证明，电刺激疗法和骨外固定疗法，亦可获得良好的治疗效果。加压外固定可以提供牢稳可靠的固定，并涉及生理性应力刺激与压电效应等生物物理等方面的问题。因此，良好的骨外固定可以从生物力学与生物学两方面促进骨不连骨愈合。

第八章

# 病例分析

## 一、嘟嘟

动 物 名：嘟嘟

品　　种：松狮

体　　重：20kg

年　　龄：4月龄

2016年5月10日手术失败，术后10日转院手术修复，食欲正常，体温38.8℃，精神不佳。

X光显示左前肢肱骨骨折，当时只有一根髓内针且断端已分离，断端周围已有骨痂生成。

2016年5月13日上午进行手术，由赵大夫主刀。

2016年5月30日，X光复查，骨骼愈合良好，已经有大量骨痂。

2016年9月1日术后3个月复查，断端已被骨痂包围，骨折线已被骨痂覆盖，决定拆除支架（图8-1～图8-4）。

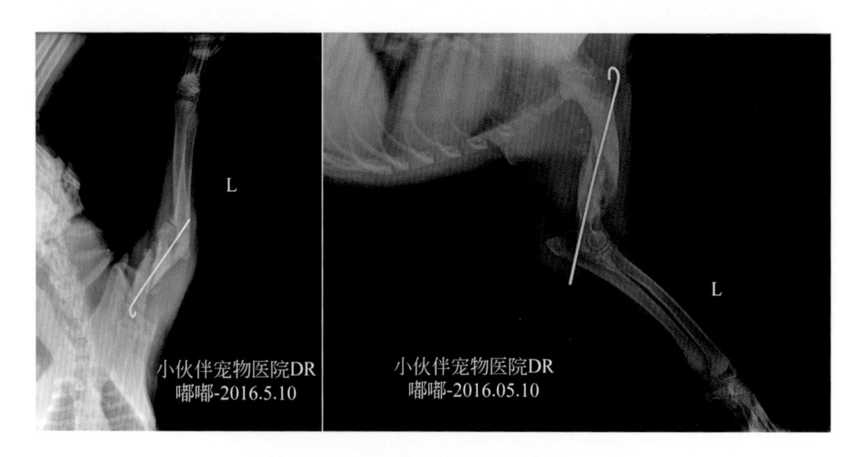


图8-1　2016年5月10日X光片

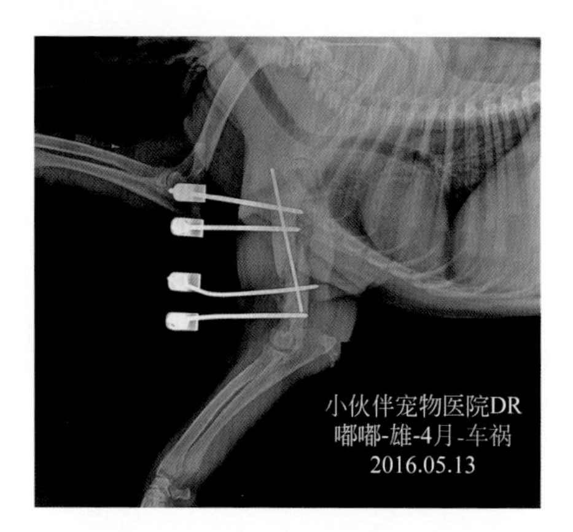


图8-2　2016年5月13日X光片

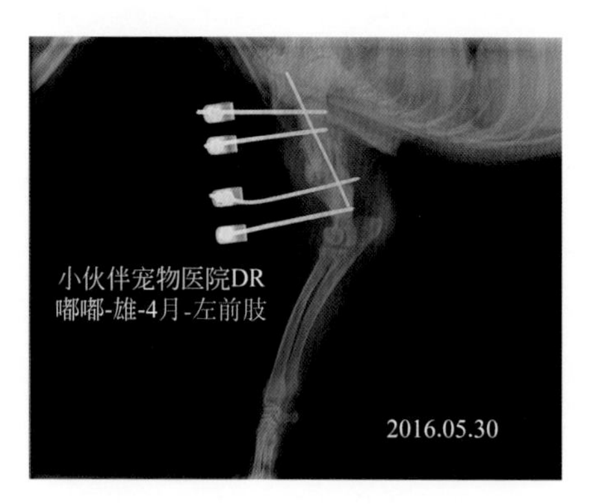


图8-3　2016年5月30日X光片

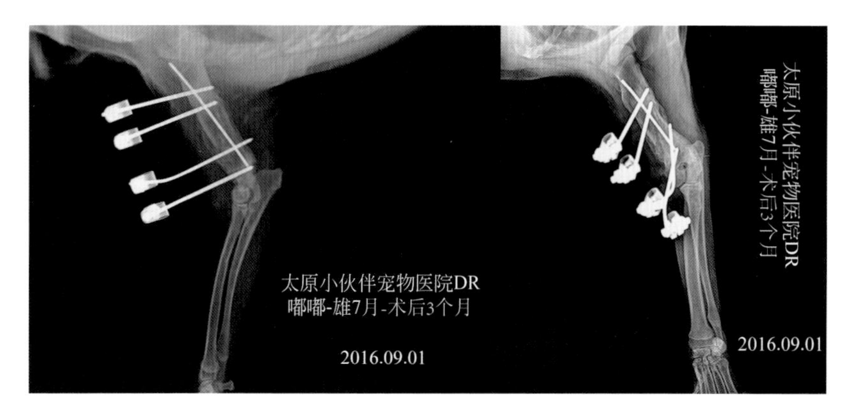


图8-4　2016年9月1日X光片



## 二、丢丢

动 物 名：丢丢　　　品　　种：边牧（图8-5、图8-6）

体　　重：18kg　　　年　　龄：2岁

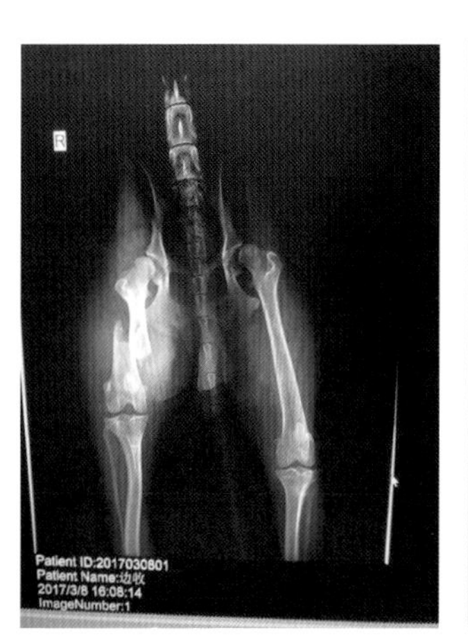


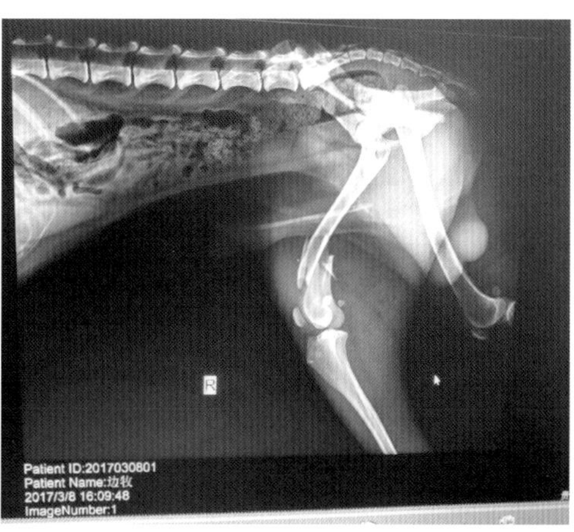


图8-5　2017年3月8号骨折后拍摄DR片

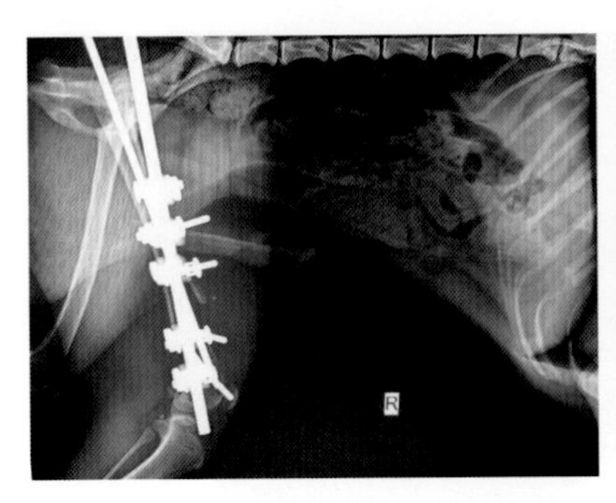


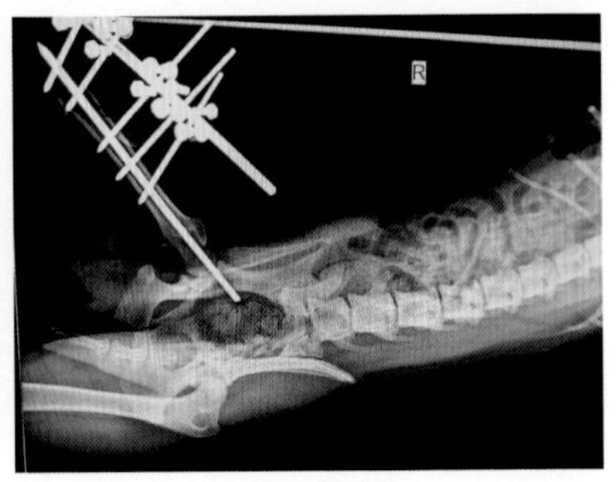


图8-6　2017年3月8号手术后愈合良好



## 三、十一

动 物 名：十一

品　　种：泰迪

体　　重：3.5kg

年　　龄：8月龄

2017年1月11日下楼梯摔倒，导致股骨骨折。

体温38.8℃，疼痛明显，跛行。X光显示右腿股骨骨折。

2017年1月12日上午来医院检查，当天进行外固定支架治疗，当天诊断X光片如图8-7。

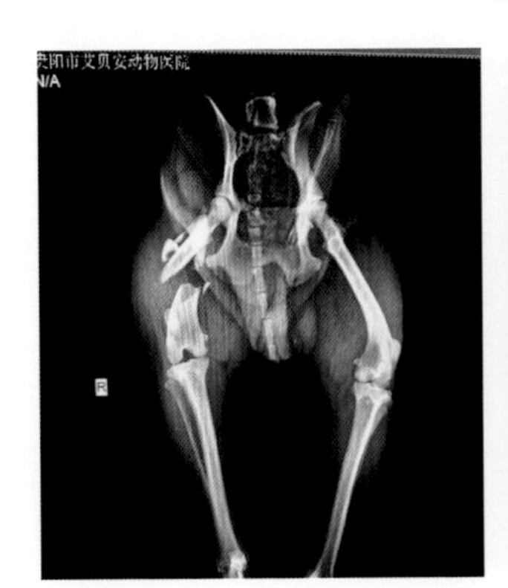


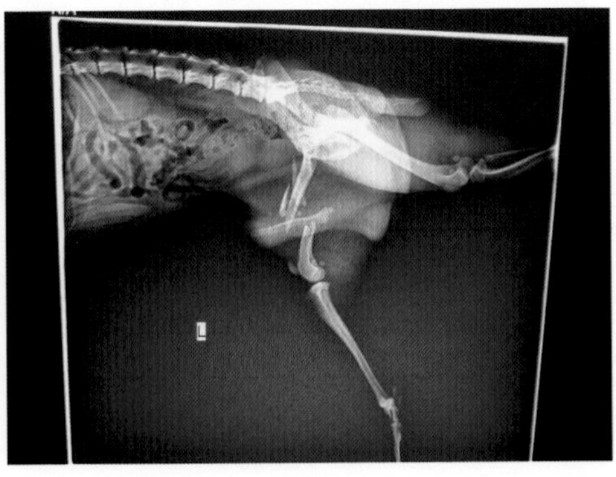


图8-7　2017年1月12日骨折后拍摄DR显示

手术后外固定见图8-8、图8-9。

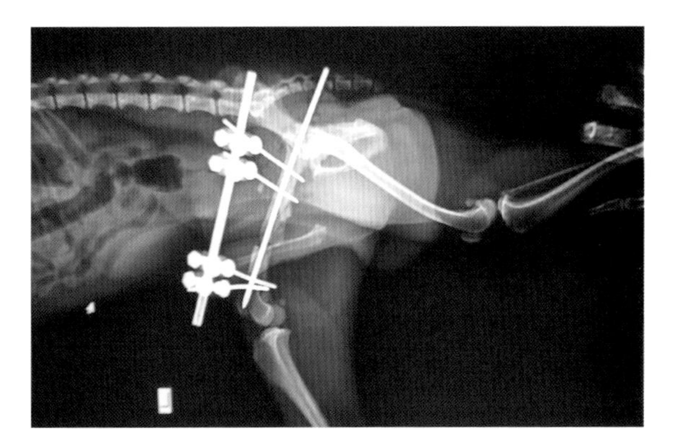

图8-8　2017年1月12日手术当天

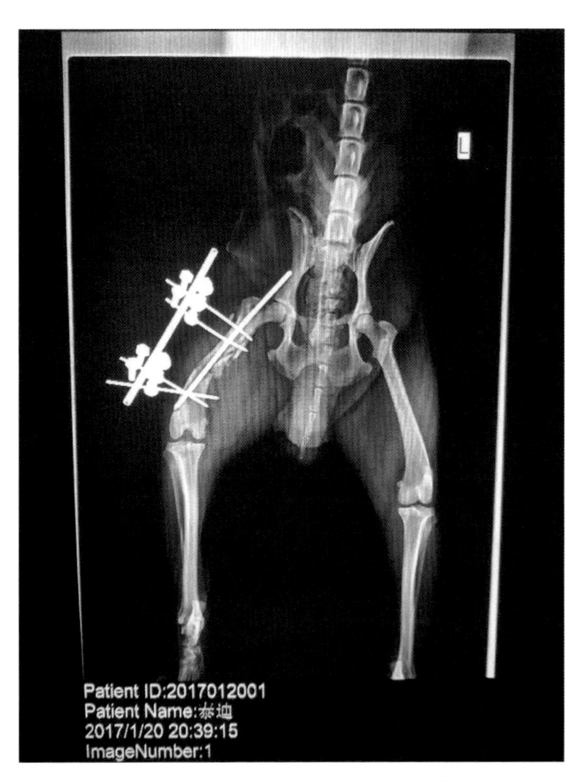


图8-9　2017年1月20号复查，术后愈合良好

## 四、阿哥

动 物 名：阿哥

品　　种：泰迪

体　　重：3.5kg

年　　龄：8月龄

2016年9月7日下楼梯时摔倒导致桡尺骨骨折。

体温38.8℃，疼痛明显，跛行。

X光显示右腿桡尺骨骨折。

2016年9月7日上午进行手术。

2016年10月16日，术部有少量渗出液，跛行。X光片显示骨骼愈合良好，已经有骨痂形成。

2016年10月29日去内固定钢针和外固定支架（图8-10 ~图8-13）。

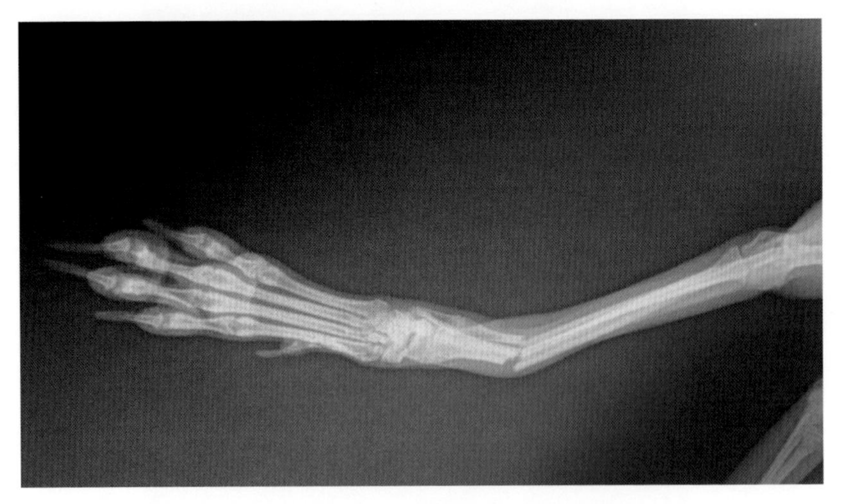

图8-10　2016年9月7日X光片

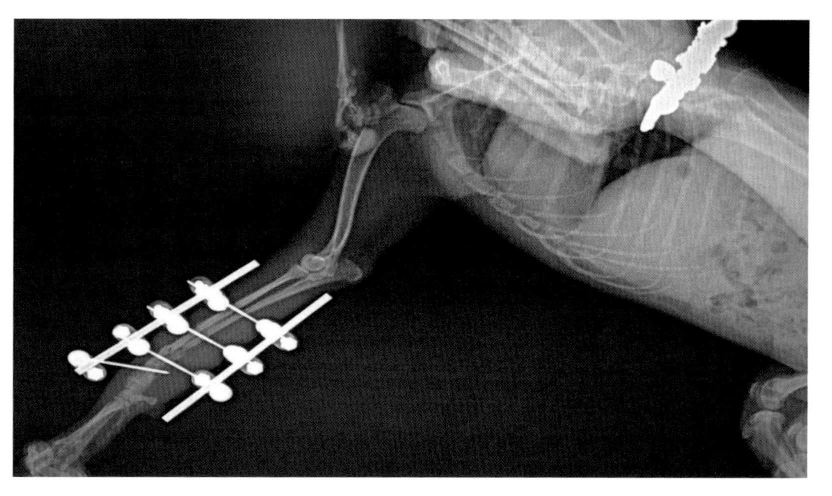

图8-11　2016年9月17日X光片

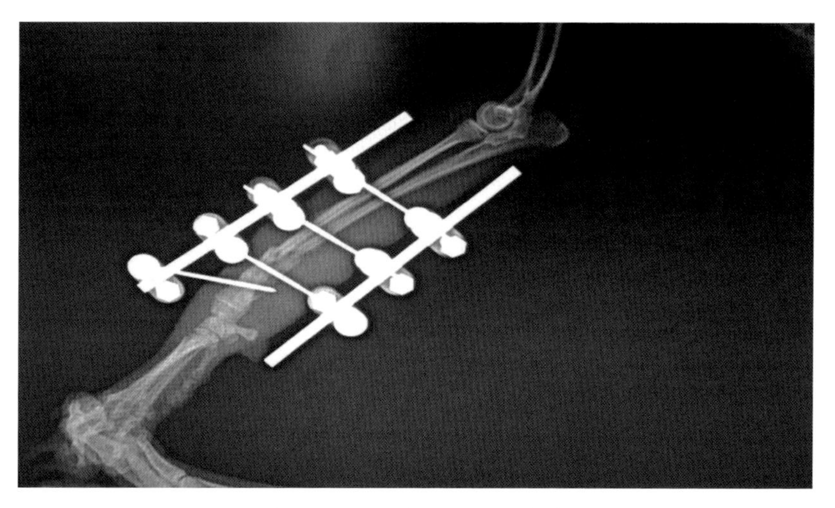

图8-12　2016年9月30日X光片

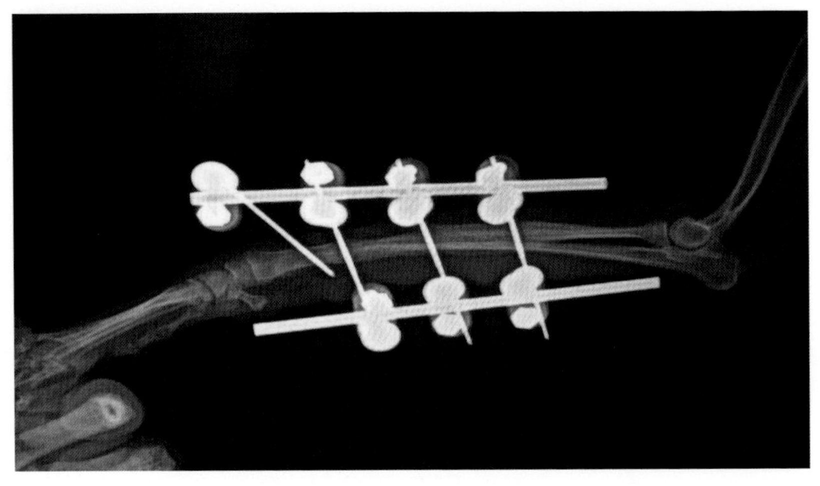

图8-13　2016年10月29日X光片

## 五、金星

动 物 名：金星

品　　种：比熊

体　　重：4kg

年　　龄：1岁

2017年4月20日从沙发上掉落，导致桡尺骨骨折。体温38.8℃，精神不佳。

X光片显示右腿桡尺骨骨折。

2017年4月21日上午进行手术。

2017年5月15日，X光片显示骨骼愈合良好，有骨痂形成（图8-14）。

2017年5月30日做去内固定钢针和外固定支架（图8-15）。

2017年6月7日复诊，行走正常。

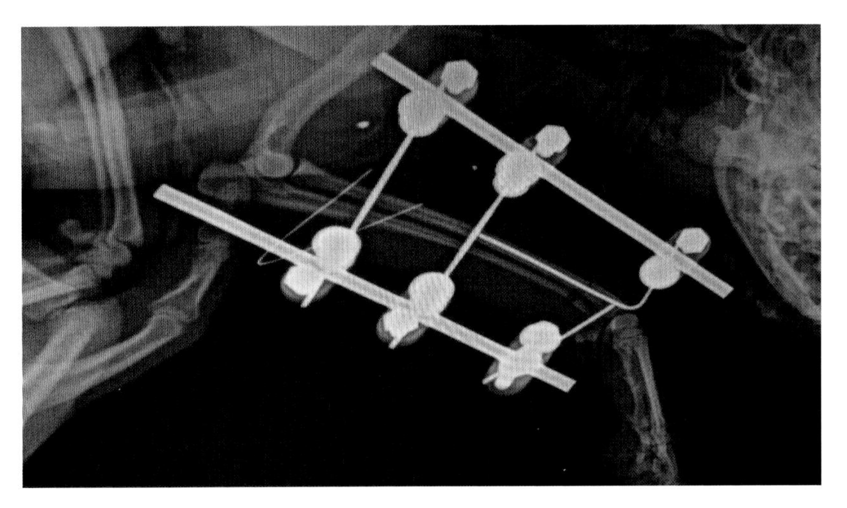

图8-14　2017年5月15日X光片

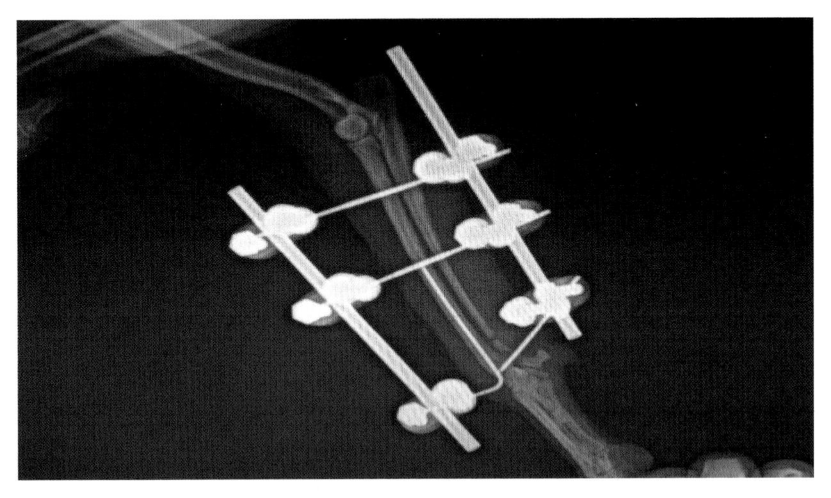

图8-15　2017年5月30日X光片

## 六、牛牛

动物名：牛牛

品　种：法斗

体　重：8kg

年　龄：1岁2个月

2017年11月14日高空摔落，X光片显示股骨中段、胫腓骨中段骨折（图8-16）。

2017年11月15日手术（图8-17）。

2017年12月10日术部渗出液，X光片显示骨骼愈合良好，有骨痂形成。

2017年12月10日做去内固定钢针和外固定支架。

2017年12月17日复查，行走基本恢复正常。

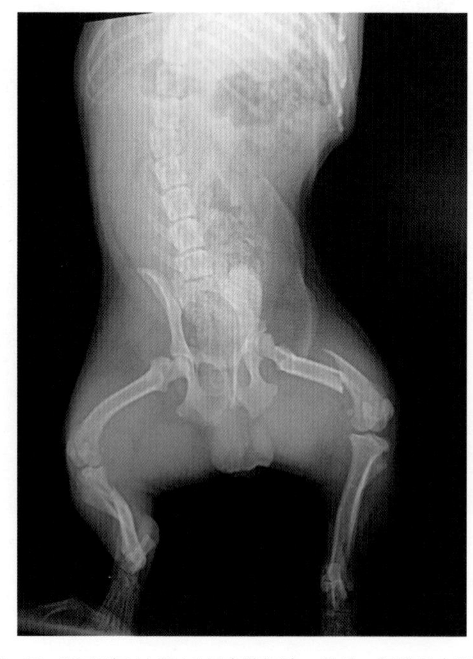

图8-16　2017年11月14日来院初诊，股骨、胫腓骨中段骨折

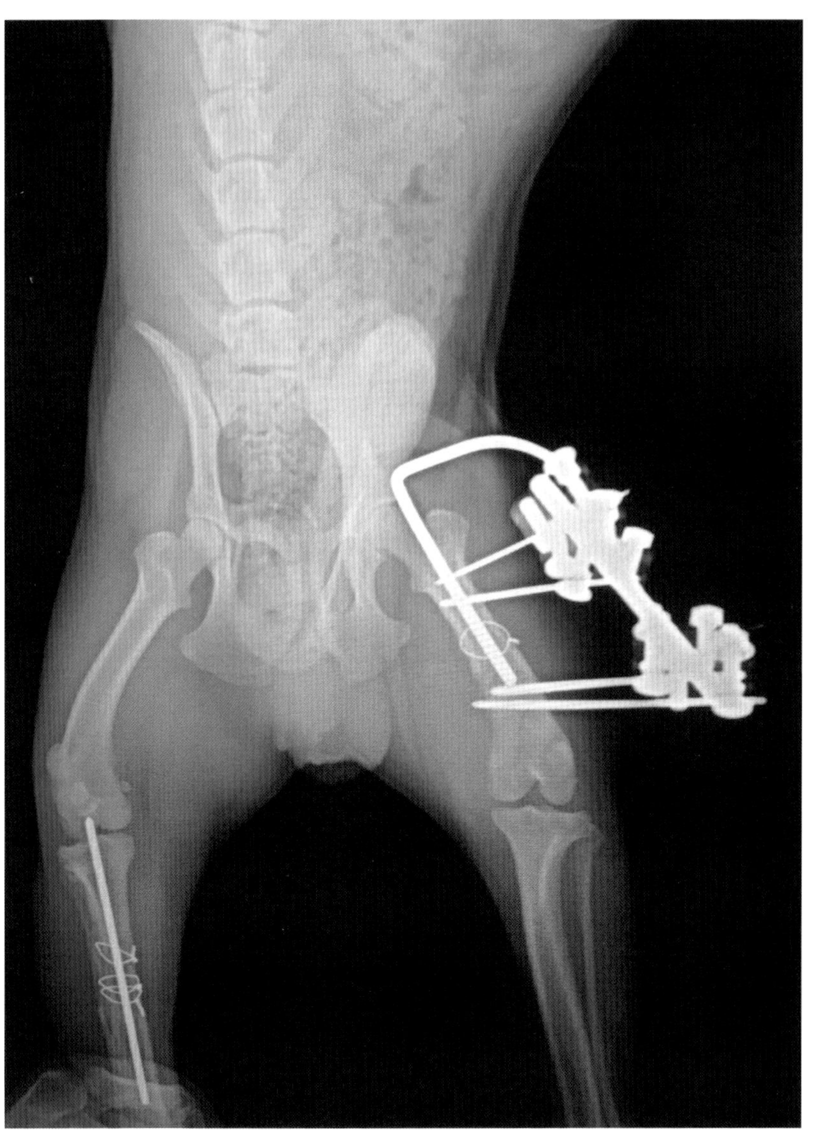

图8-17　2017年11月15日手术当天，股骨进行外固定支架固定，胫腓骨髓内针加钢丝内固定

## 七、Candy

动 物 名：Candy

品　　种：巨贵

体　　重：5kg

年　　龄：3月龄

2018年4月21日被车撞，X光片显示桡尺骨粉碎性骨折，有皮肤外伤，当天消炎治疗。

2018年4月22日安排手术。

2018年5月20日X光片显示骨骼愈合良好，有骨痂形成（图8-18 ~ 图8-21）。

2018年6月6日复查，行走基本恢复正常。



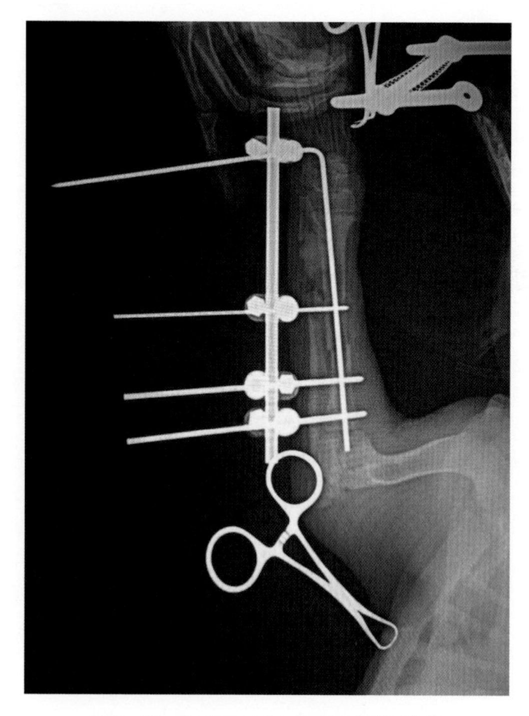

图8-18　2018年4月22日手术当天影像

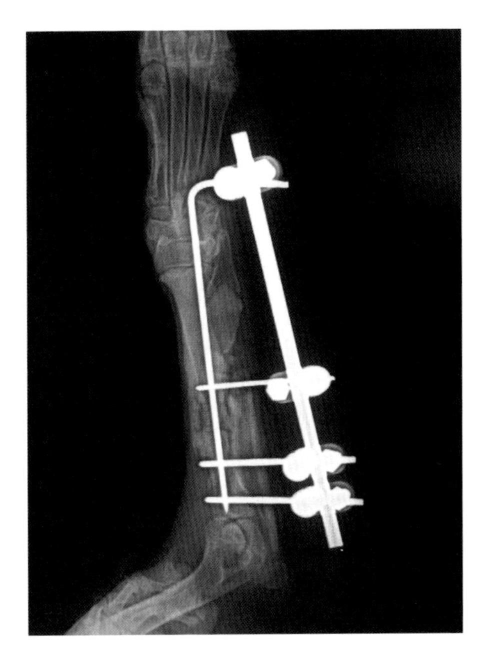

图8-19　2018年4月29日复查

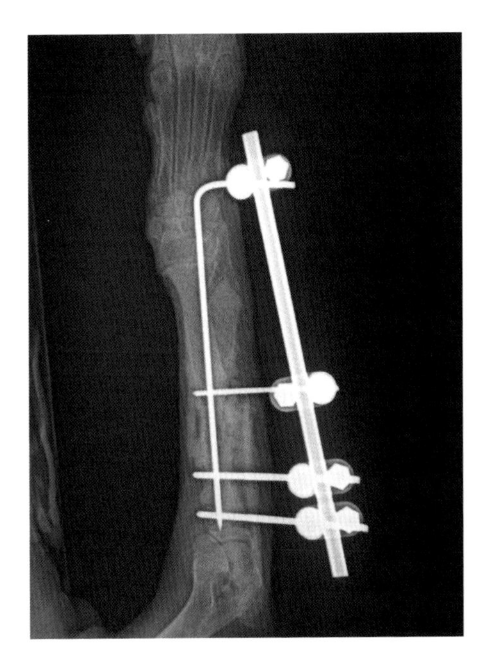

图8-20　2018年5月14日复查，可以拖地行走

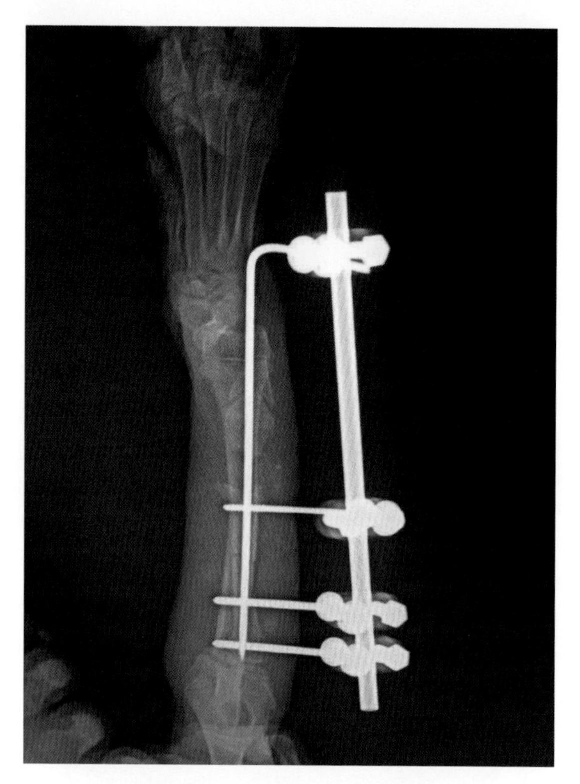

图8-21 2018年5月20日复查

## 八、妹妹

动物名：妹妹

品 种：博美

体 重：3kg

年 龄：8月龄

2018年3月1日 下颌骨骨折，疼痛剧烈、流涎，当天手术。

2018年4月2日 复查，可以主动进食（图8-22、图8-23）。

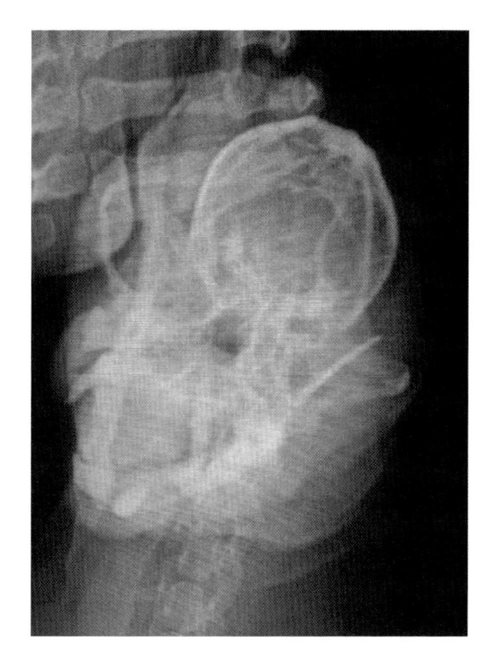

图8-22　手术前

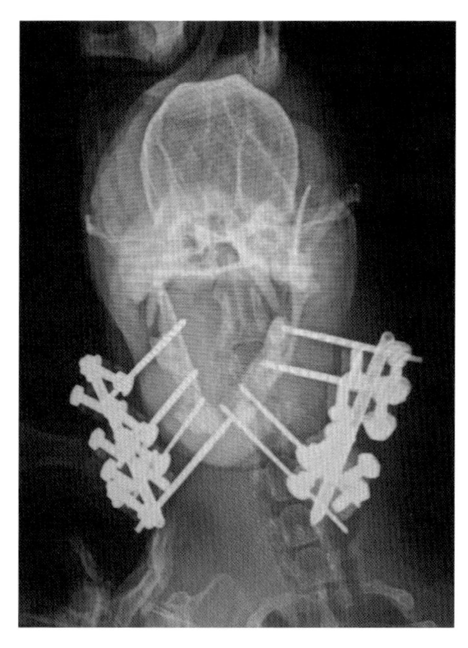

图8-23　手术后

## 九、果冻

动 物 名：果冻

品　　种：柴犬

体　　重：4.5kg

年　　龄：4月龄

2018年5月6日被车撞，胫腓骨骨折。

2018年5月6日安排手术。

2018年5月20日X光片显示骨骼愈合良好，有骨痂形成。

2018年6月25日复查，行走基本恢复正常（图8-24 ~图8-27）。

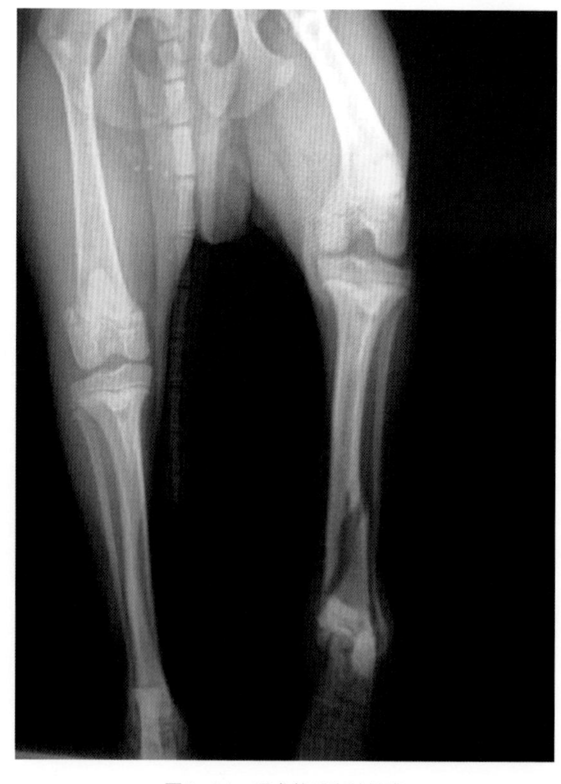

图8-24　手术前X光片检查

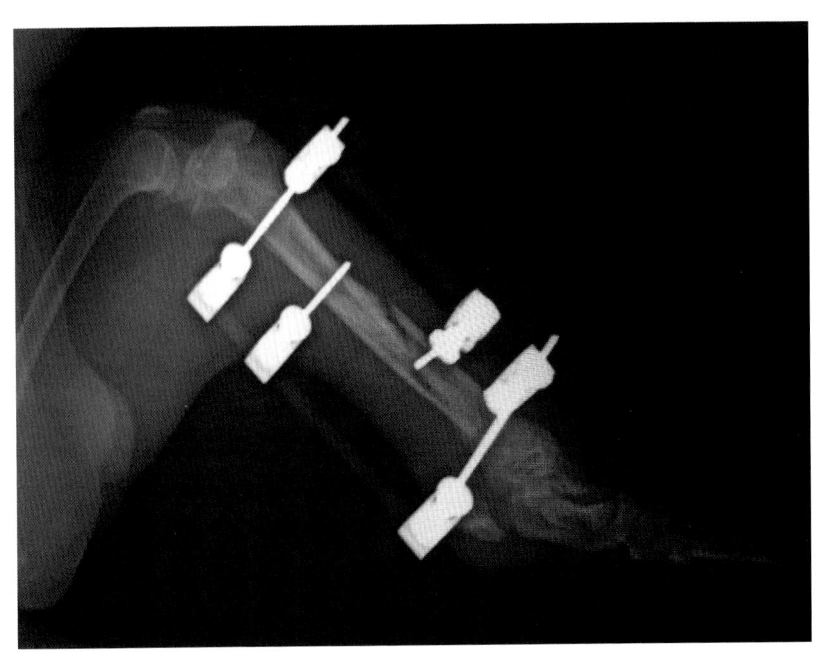

图8-25　手术当天，术后正常消炎

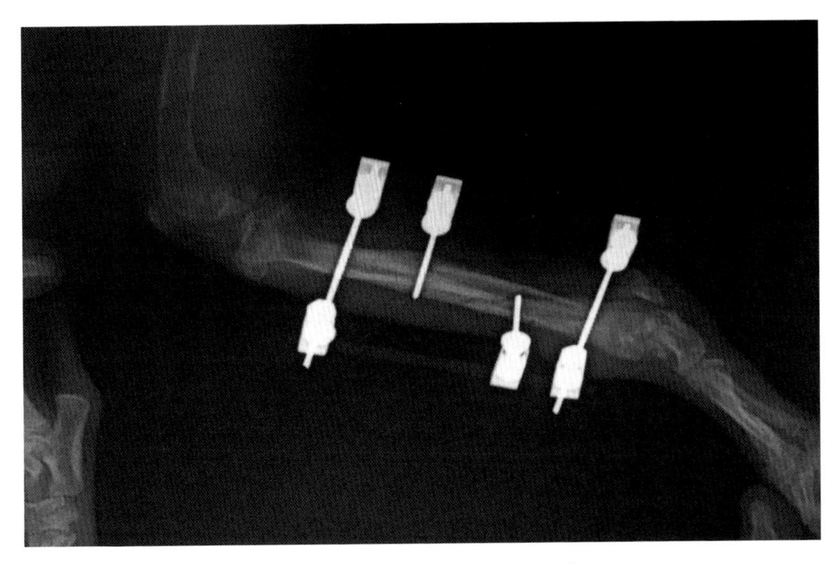

图8-26　术后两周复查，疼痛不明显

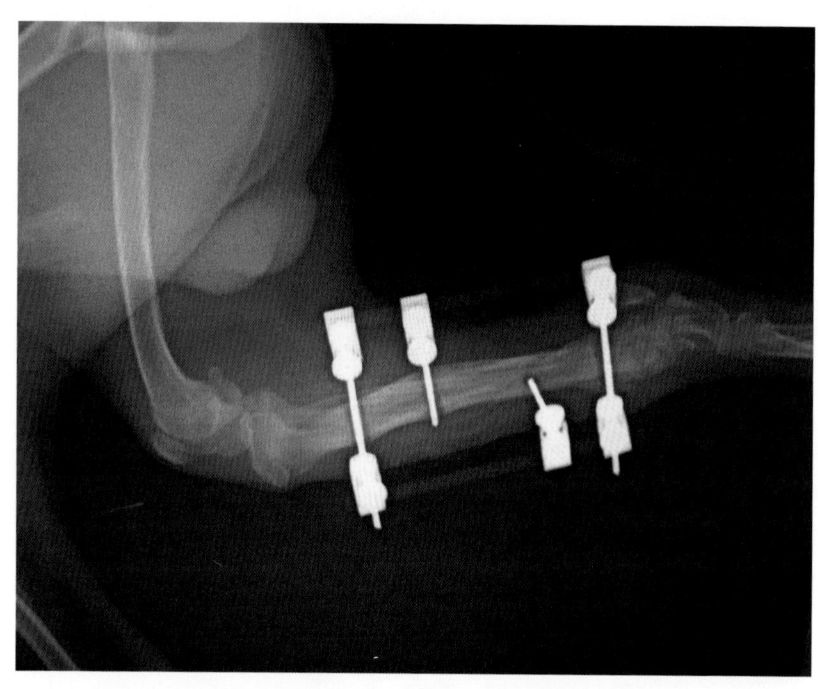

图8-27　术后45天，可以正常行走，准备拆除固定支架

## 十、小黑

动 物 名：小黑

品　　种：拉布拉多

体　　重：7.8kg

年　　龄：2月龄

6月10日车祸骨折，左侧股骨骨折、右侧胫腓骨骨折，右侧坐骨骨折，荐髂关节脱位骨折，腹部及后肢多处皮肤破损化脓，精神、食欲正常，无法站立。

6月11 ~ 18日抗生素治疗，外伤处理，皮肤伤口愈合良好。

6月19日左侧股骨切开开发复位，安装外固定支架；荐髂关节空心螺钉固定；右侧胫腓骨安装外固定支架。

6月20日双后肢可稍负重辅助站立。

6月24日双后肢水肿肿大，伤口少量渗出液，可辅助行走。

6月25日可自主站立行走。

6月28日水肿基本消退，行走良好，伤口有脓性分泌物。

7月3日右侧胫腓骨愈合良好，拆除右侧胫腓骨外固定支架。

7月15日左后肢出现轻度跛行，拆除左侧股骨外固定支架。

8月12日拍片复查（图8-28 ~ 图8-34）。

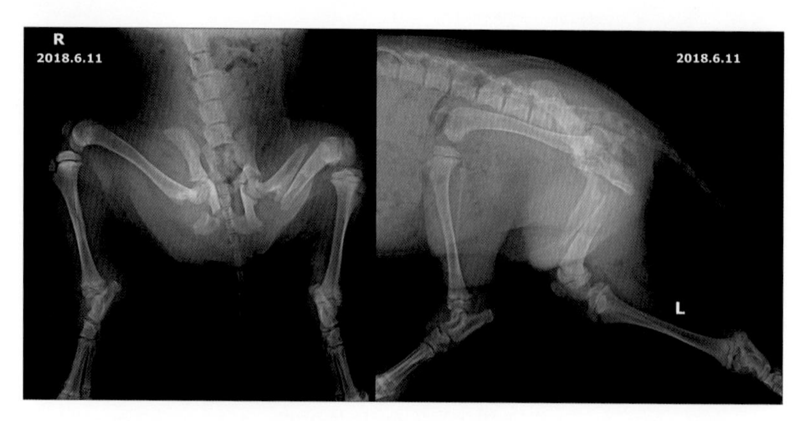

图8-28　6月11日X光片

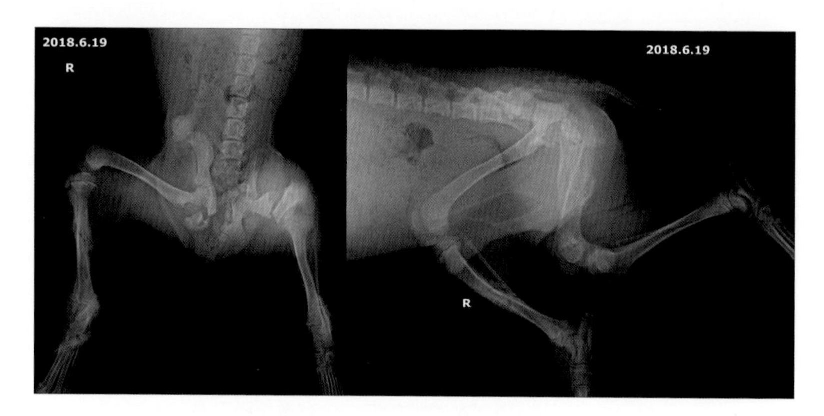

图8-29　6月19日术前X光片

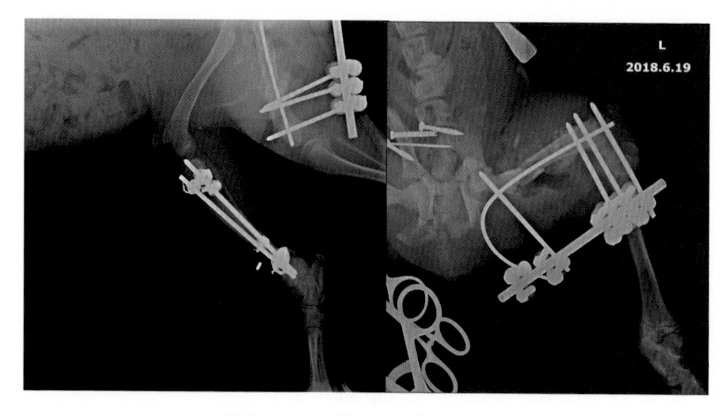

图8-30　6月19日术后X光片

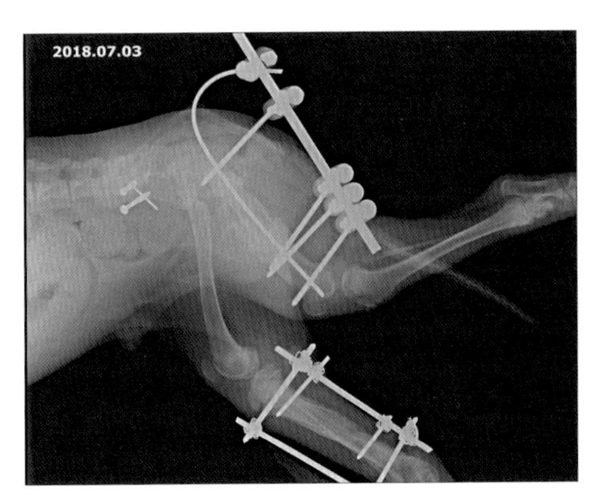


图8-31　7月3日X光片，拆除胫腓骨支架

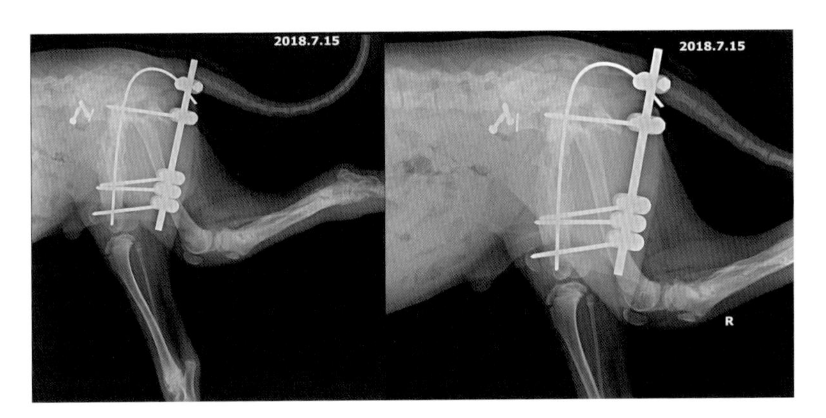


图8-32　7月15日X光片，拆除股骨支架

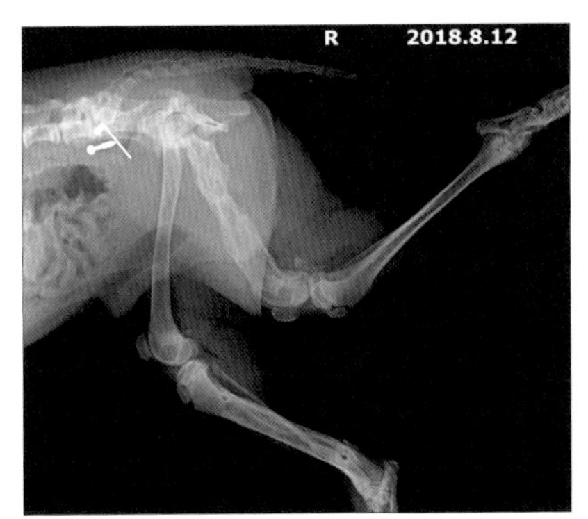


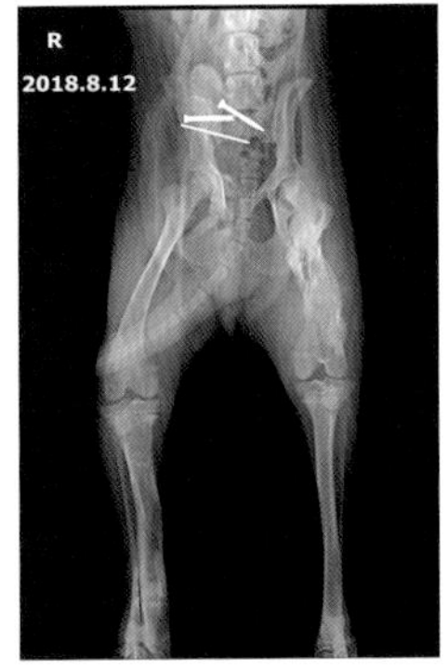


图8-33　8月12日X光片

图8-34　术后2个月

## 十一、喵仔

动 物 名：喵仔

品　　种：田园猫

体　　重：3kg

年　　龄：7月龄

2016年2月3日坠楼摔伤，食欲废绝，体温37.6℃，精神不佳。

X光片显示右后肢股骨远端骨折，骨皮质较薄，皮肤损伤严重，暂对症抗炎消肿观察。

2016年2月6日，考虑骨皮质薄的原因，以髓内针加外固定支架的方案进行手术，由赵大夫主刀。

2016年2月18日，术后12天，远端倒数第二根针有渗出液，拆除；复查，X光片显示骨骼愈合良好。

2016年2月29日，术后22天，拆除近端第二根针，复查，X光片显示骨骼愈合良好，断端已被骨痂包围。

2016年10月1日，拆除支架两个月后复查，X光片显示断端愈合，未见骨折线。

2016年12月2日，复查，X光片显示断端已完全愈合，决定拆除髓内针（图8-35 ~图8-40）。

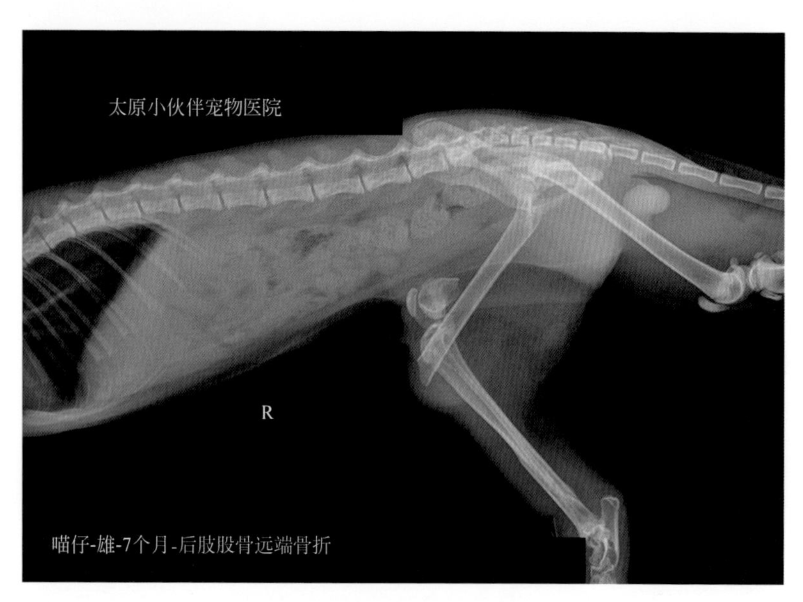


图8-35 2016年2月3日X光片

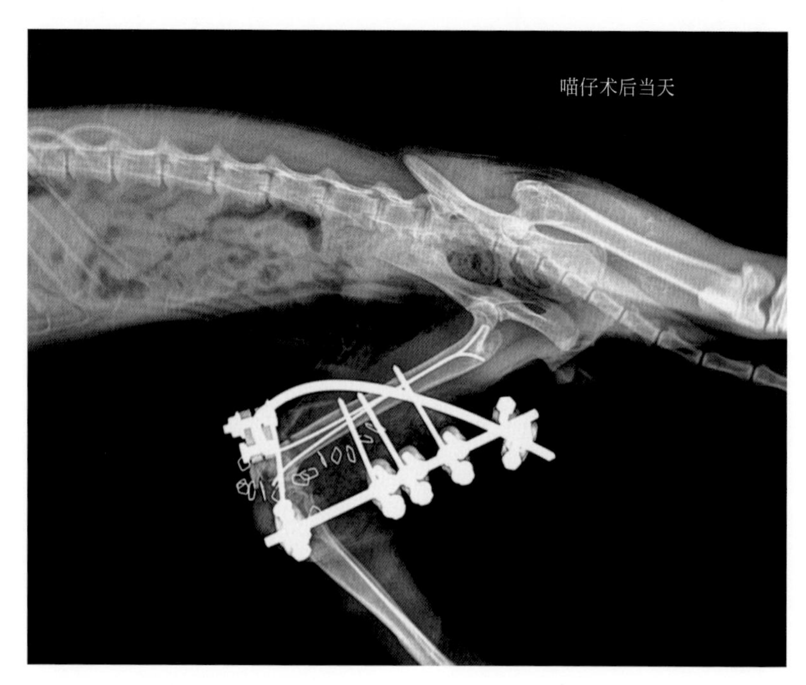


图8-36 2016年2月6日X光片

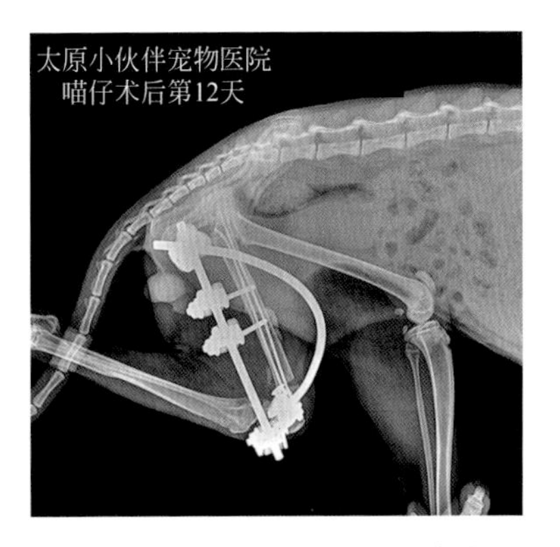


图8-37　2016年2月18日X光片

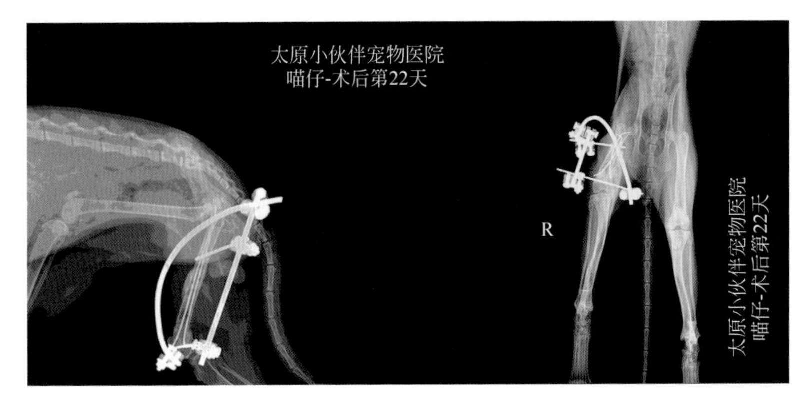


图8-38　2016年2月29日X光片

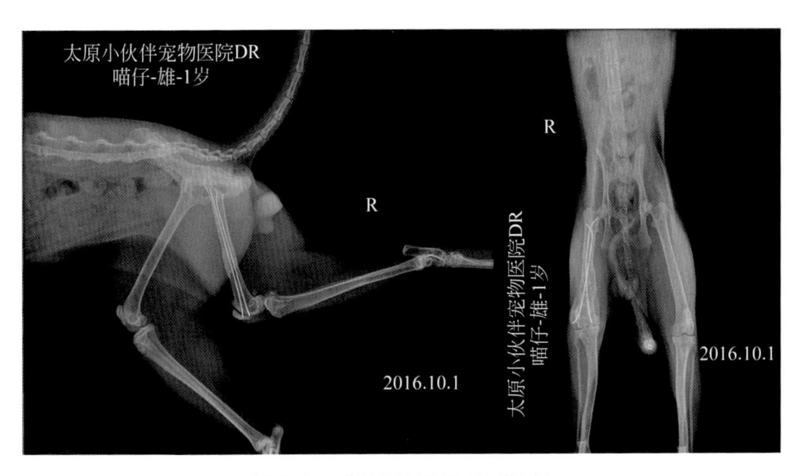


图8-39　2016年10月1日X光片

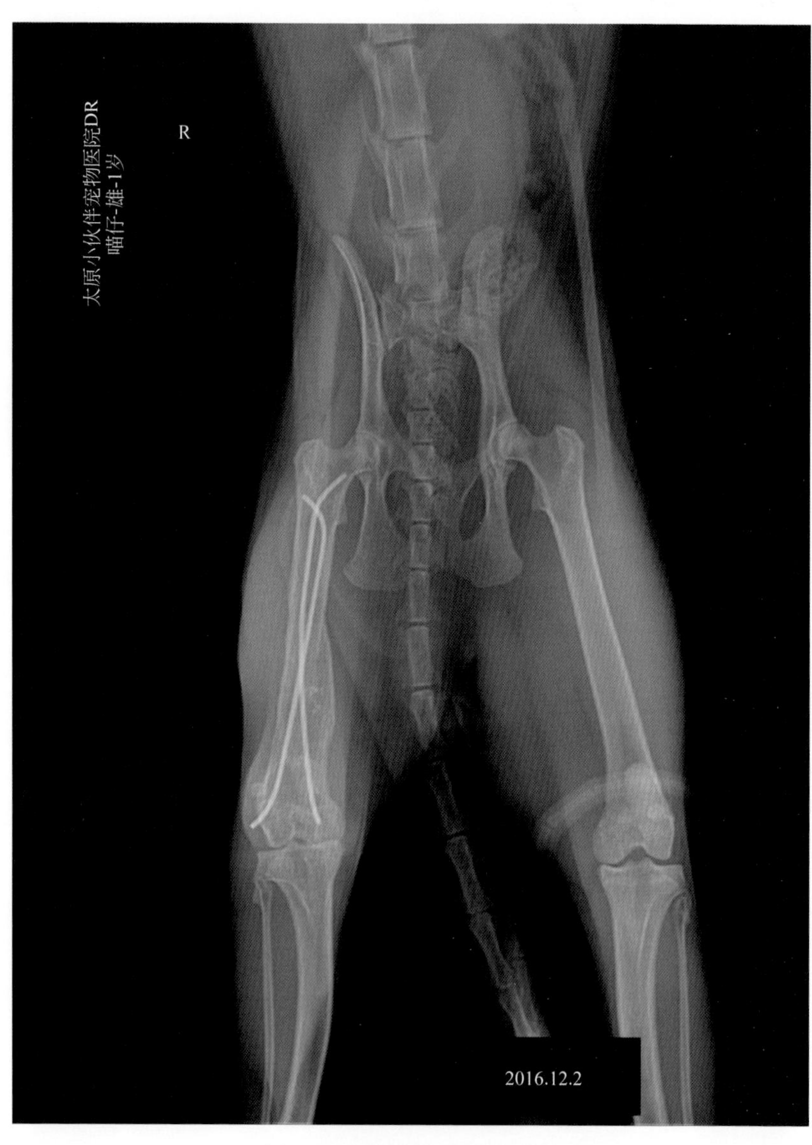


图8-40　2016年12月2日X光片

## 十二、奶牛

动物名：奶牛

品　　种：田园犬

体　　重：18kg

年　　龄：1岁

2015年12月2日傍晚被电动车碰伤，精神、食欲、大小便正常，体温38.6℃。

X光片显示左前肢桡骨中段骨折。

2015年12月3日上午进行外固定支架手术，由赵大夫主刀。

2015年12月16日，术后13天复查，X光片显示骨骼愈合良好。

2016年1月3日，术后1个月复查，X光片显示骨骼愈合良好，已看不见骨折线，决定拆除两根钢针。

2016年4月7日，术后4个月，患肢可正常行走，且X光片显示骨骼愈合良好，未见骨折线，决定拆除支架（图8-41 ~图8-44）。

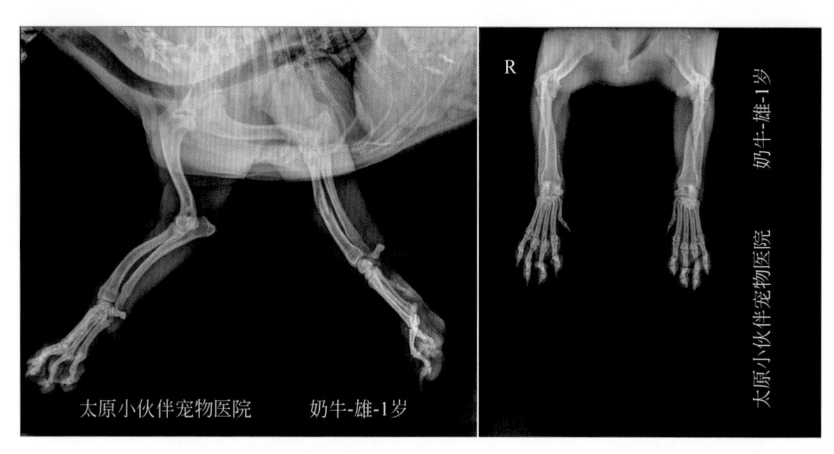

图8-41　2015年12月2日X光片

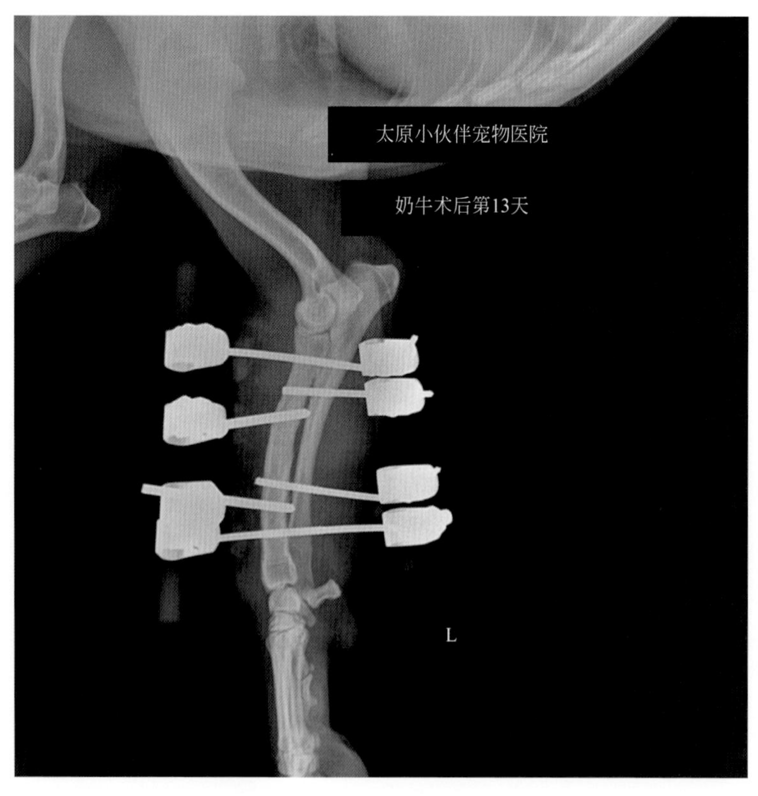

图8-42　2015年12月16日X光片

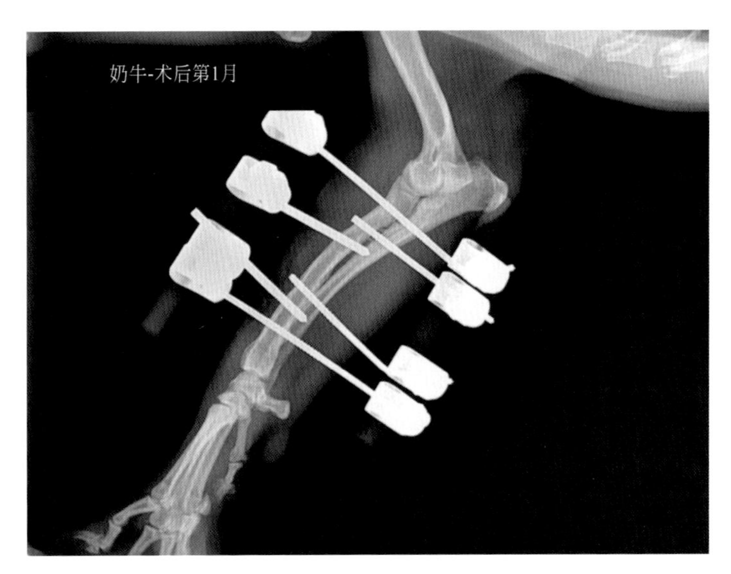


图8-43　2016年1月3日X光片

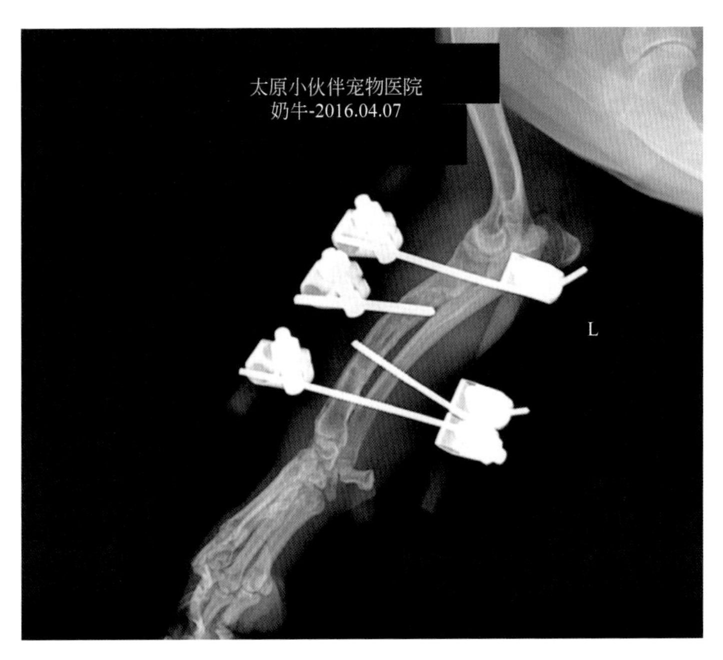


图8-44　2016年4月7日X光片

# 十三、肉肉

动 物 名：肉肉

品　　种：拉布拉多

体　　重：9kg

年　　龄：3月龄



2017年9月17日下午5点多被车碾压，吃喝正常，体温38.8℃，精神不佳，X光片显示右腿粉碎性骨折，左腿很多骨折线。

2017年9月20日上午进行手术，由年大夫主刀。

2017年9月21 ~ 27日 用 抗 生 素治疗，外伤处理，皮肤伤口愈合良好。

2017年10月16日，术部有渗出液，跛行。X光片显示骨骼愈合良好，已经有大量骨痂。

2017年10月29日做去内固定钢针和外固定支架。

2017年10月30日左腿去钢针的部位有点肿，取支架的部位良好（图8–45 ~图8–49）。

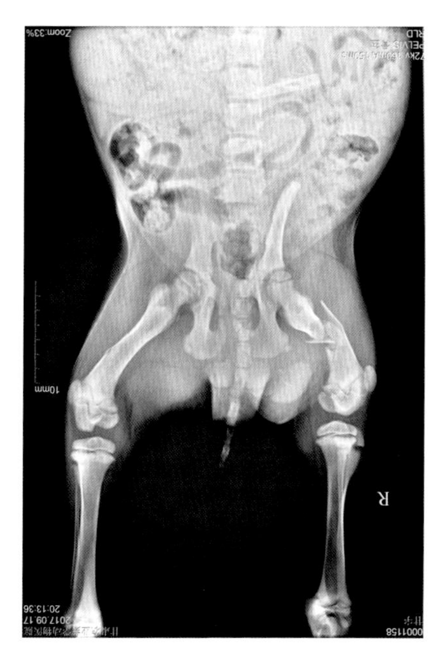

图8-45　2017年9月17日X光片

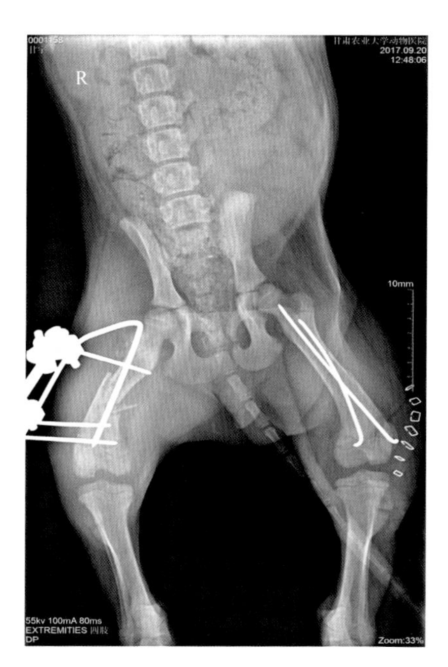


图8-46　2017年9月20日X光片

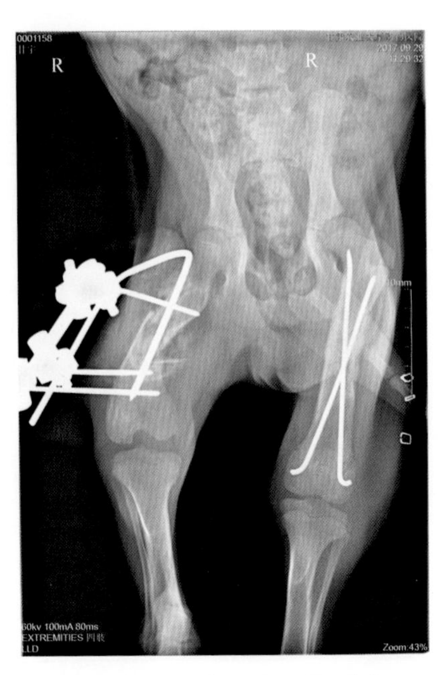


图8-47　2017年10月16日X光片

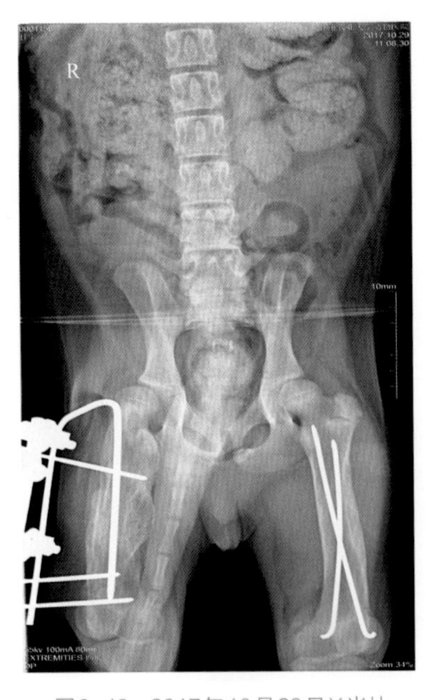


图8-48　2017年10月29日X光片

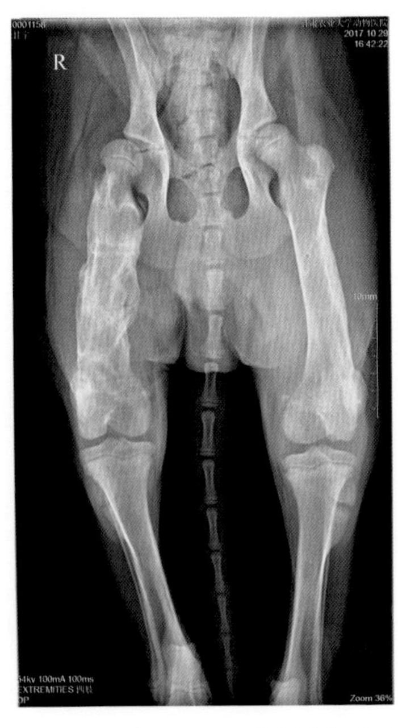


图8-49　2017年10月29号拆除支架后X光片

## 十四、五花肉

动物名：五花肉

品　种：暹罗猫

年　龄：9月龄以上

2018年5月20日到川北动物医院（南部分院）就诊，主诉2018年5月19日不慎从楼上摔下，DR后肢正侧位拍片发现双侧后肢胫腓骨远端骨折。

2018年5月21日由南充川北动物医院院长戴医生、罗医生及副院长李医生进行双侧后肢骨折外固定支架安装。

2018年5月22～28日进行抗生素及促进骨骼修复治疗，局部皮肤消毒。

2018年6月4日双侧后肢基本能正常站立，出院。

2018年6月20日回院复诊，基本能正常活动，骨折处恢复良好（图8-50～图8-53）。

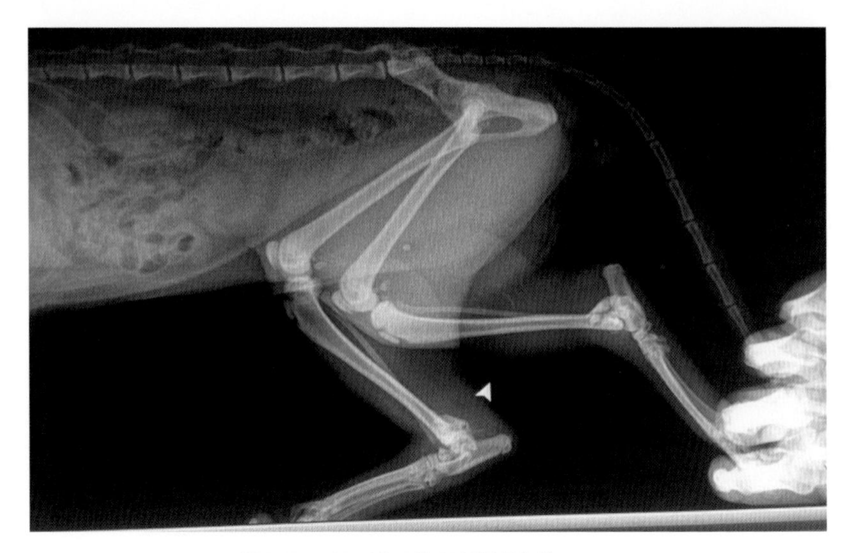

图8-50　2018年5月20日骨折拍片

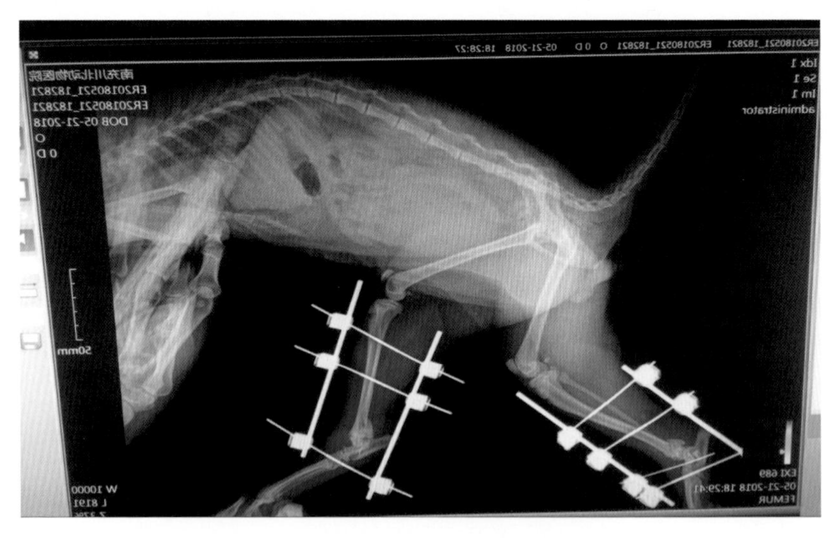

图8-51　2018年5月21日外固定支架安装完毕

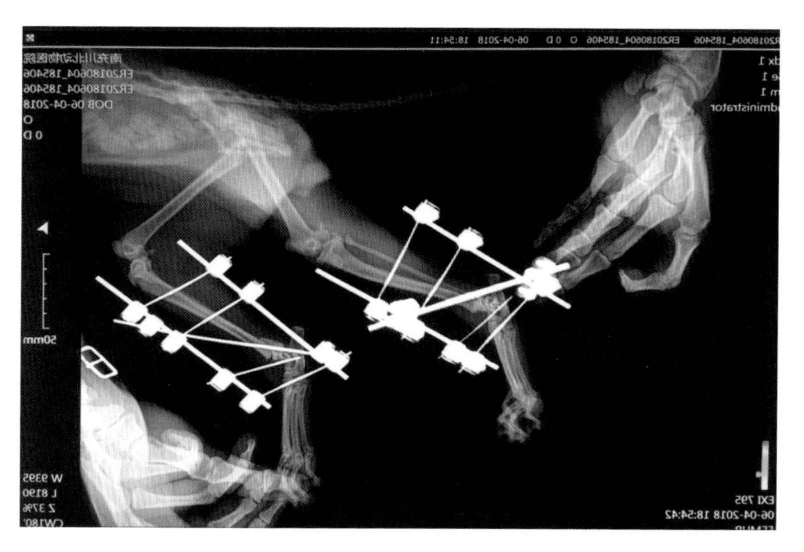

图8-52　2018年6月4日后肢DR复查

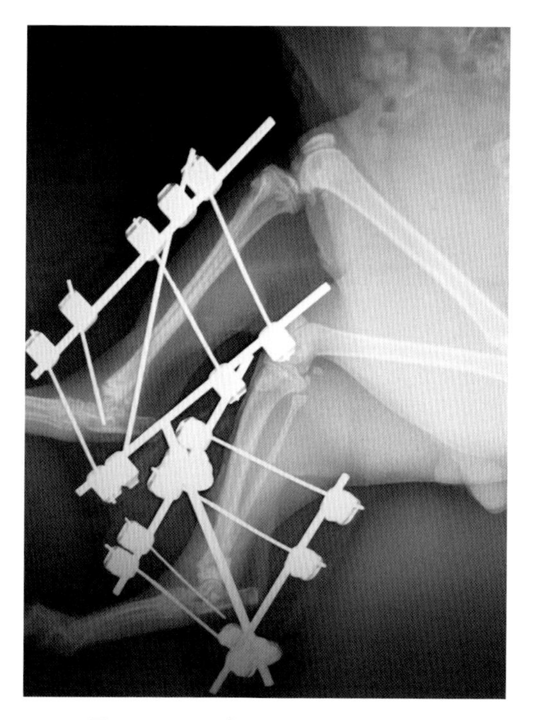

图8-53　2018年6月20日后肢DR复查

## 十五、仔仔

动物名：仔仔

品　种：混血犬

年　龄：7月龄

体　重：8kg

医　院：重庆沙坪坝鸿祥小动物医院

2017年9月9日晚上8点左右被车撞伤，食欲、精神欠佳，右后肢跛行。X光片显示右后肢跗关节脱位骨折。

2017年9月10日上午进行手术，由张大夫主刀。

2017年9月11 ~ 15日抗生素治疗，外伤处理，皮肤伤口愈合良好，右后肢已能触地行走。

2017年9月27日复诊，精神食欲良好，X光片显示骨愈合良好。

2017年10月10日复诊，精神食欲良好，X光片显示骨愈合良好，皮肤创口恢复良好，关节活动性恢复良好（图8–54 ~图8–57）。

2017年10月25日做去外固定支架。

2017年10月30日右腿取支架后伤口愈合良好，已能正常负重行走。

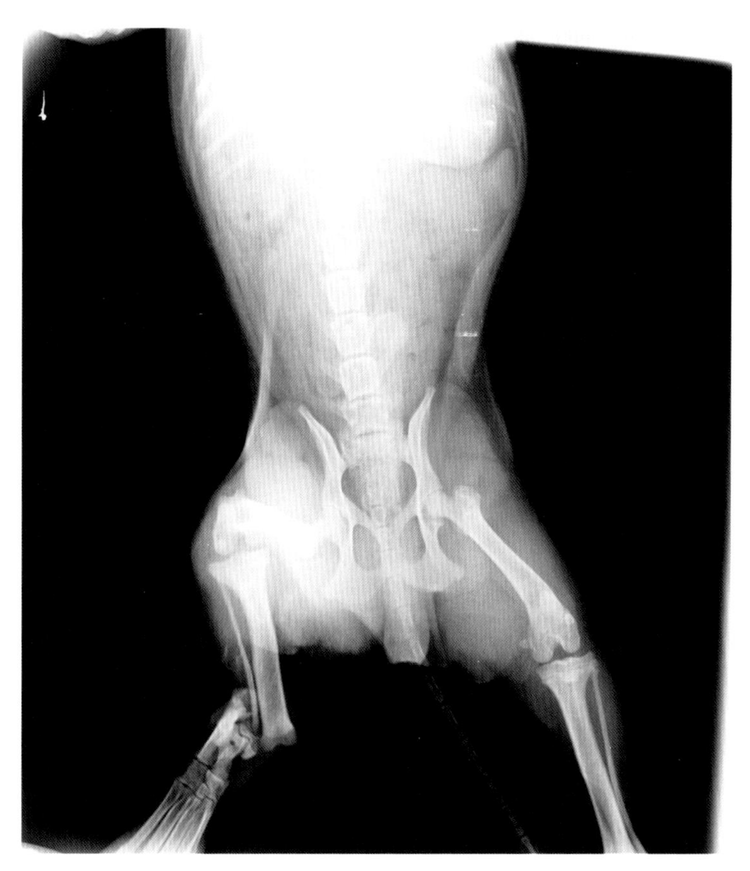

图8-54　2017年9月9日X光片

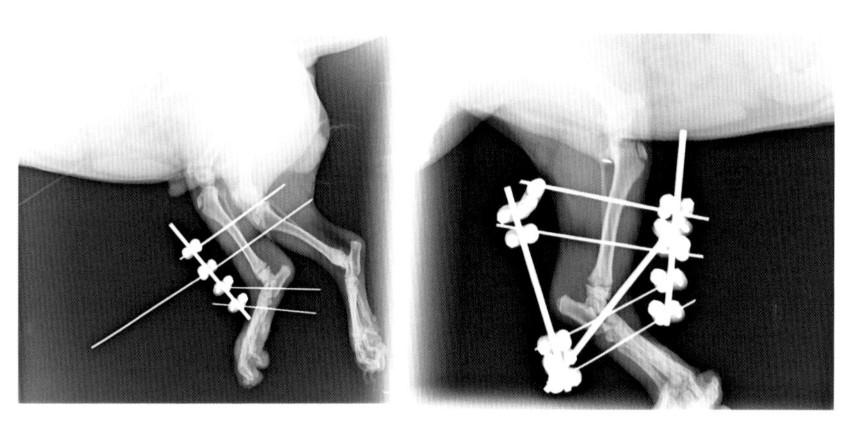

图8-55　2017年9月10日X光片

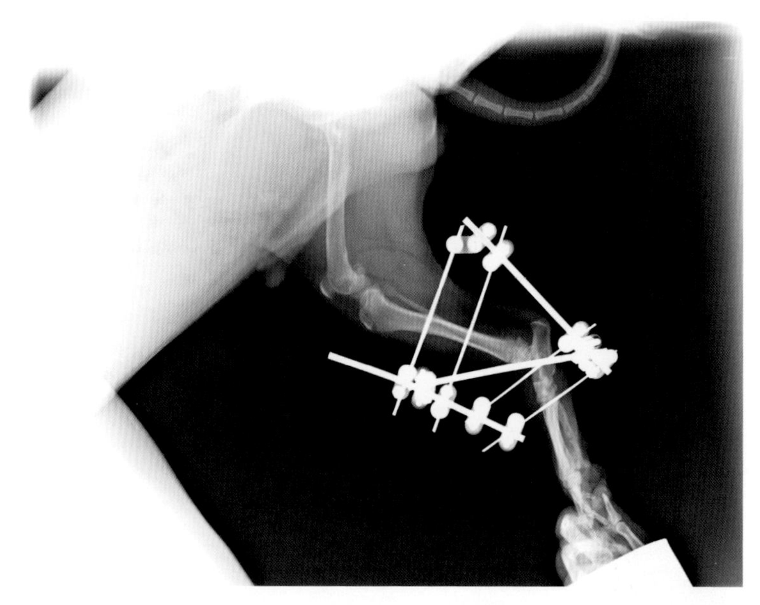

图8-56　2017年9月27日X光片

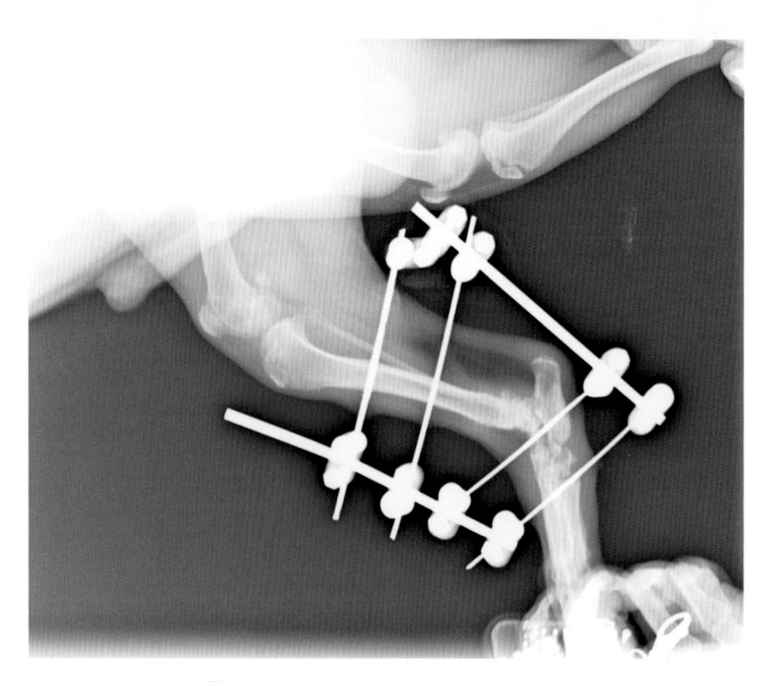

图8-57　2017年10月10日X光片

## 十六、Bingo

动 物 名：Bingo

品　　种：泰迪

年　　龄：5岁

2018年5月1日 来院就诊，X光片显示左侧胫腓骨粉碎性骨折（图8-58）。

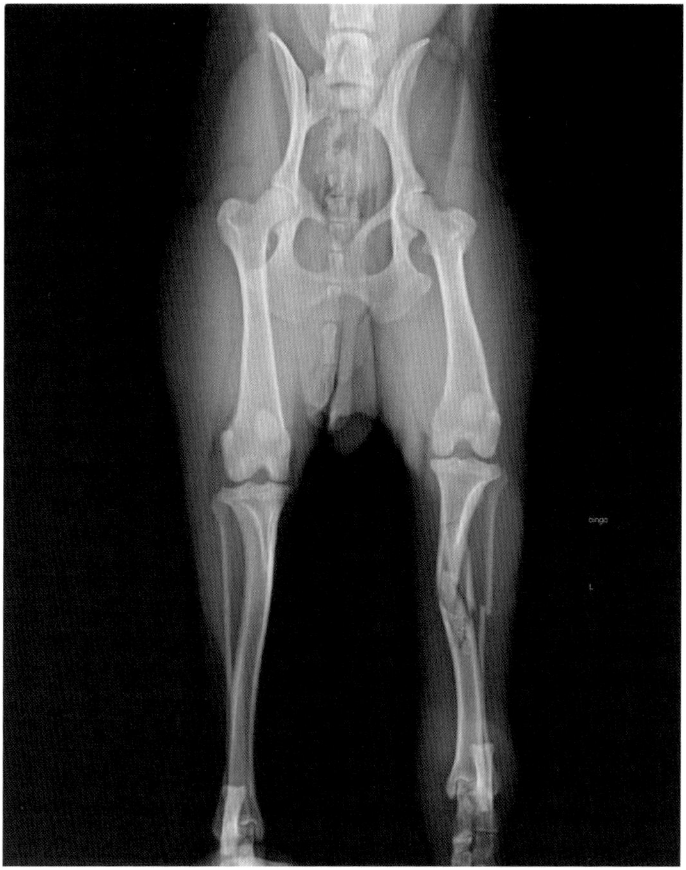

图8-58　2018年5月1日手术前

主治医师李大夫于当日对其实施外固定支架手术（图8-59 ~ 图8-62）。

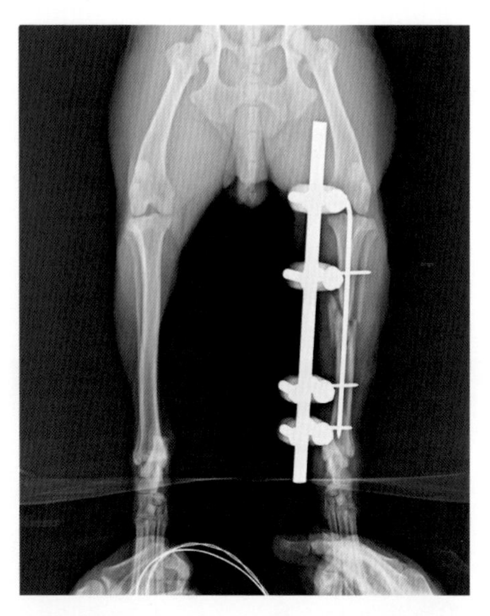

图8-59　2018年5月1日手术后

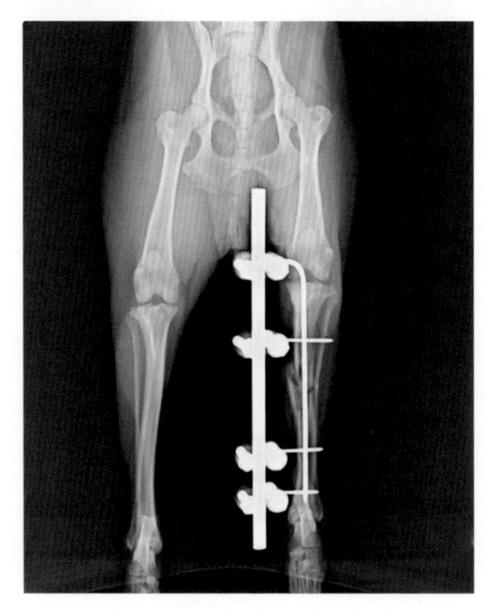

图8-60　2018年6月3日复诊

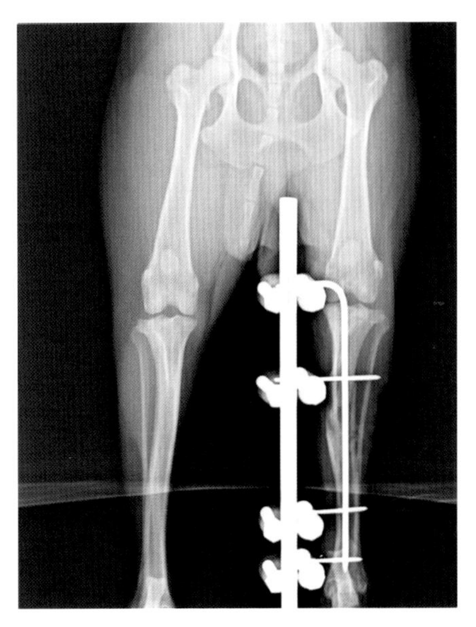

图8-61　2018年7月19日复诊，X光片显示骨折线正常愈合

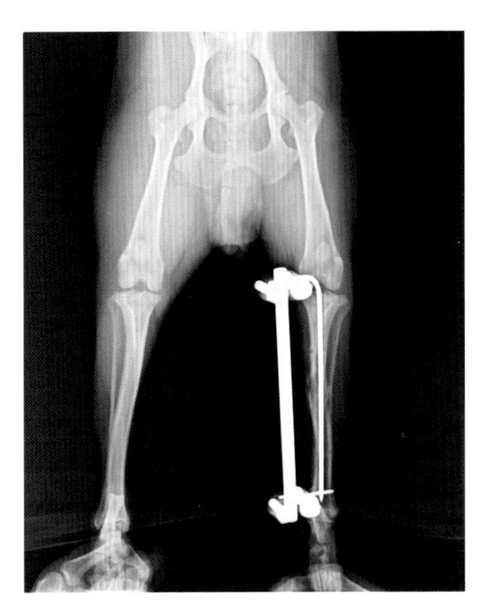

图8-62　2018年7月29日，拆除中间两根螺纹针

2018年8月18日拆除其余外固定支架。

## 十七、卷卷

动物名：卷卷

品　种：柯基犬

年　龄：7月龄左右



2021年5月15日，前来就诊，主诉：从主人怀里跳下之后发现右后肢不能着地，吃喝正常，大小便正常，体温38.3℃。检查拍片发现右后肢胫腓骨骨折。

2021年5月16日下午进行手术。

2021年6月6日前来复诊，走路正常，复查拍片发现骨骼愈合良好，拆除倒数第二根支架针，回去继续调理。

2021年6月10日前来复诊，走路正常，拍片发现骨骼愈合良好，拆除上下两根支架针，只保留中间髓内针。

2021年6月15日前来复诊，拍片显示骨骼基本愈合，拆除中间髓内针，拆除后行走正常（图8-63～图8-67）。

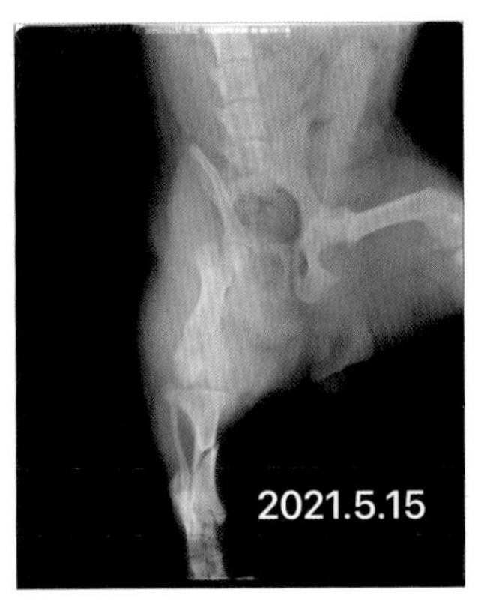


图8-63　5月15日X光片（一）

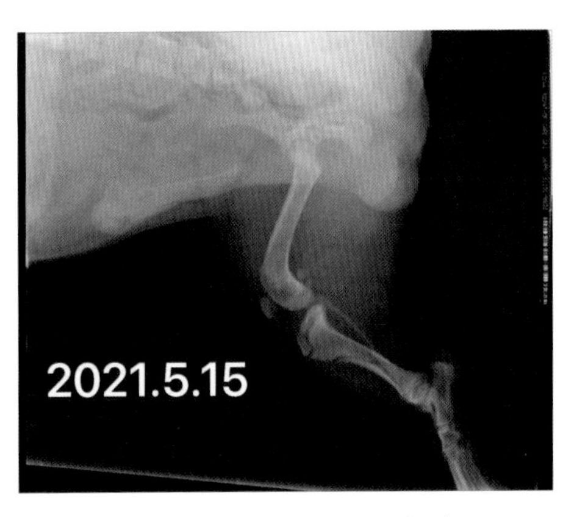


图8-64　5月15日X光片（二）

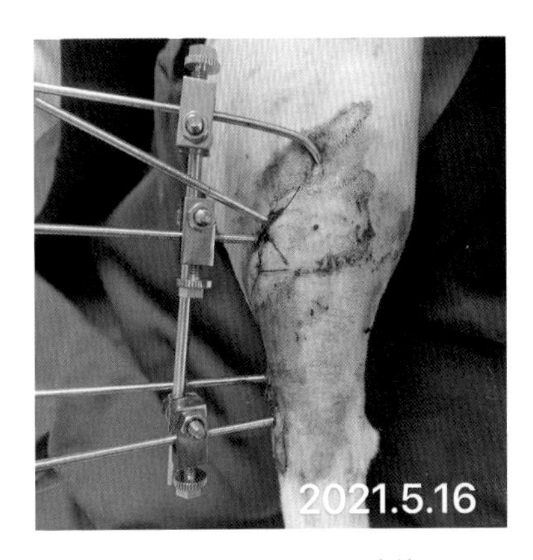


图8-65　5月16日X光片

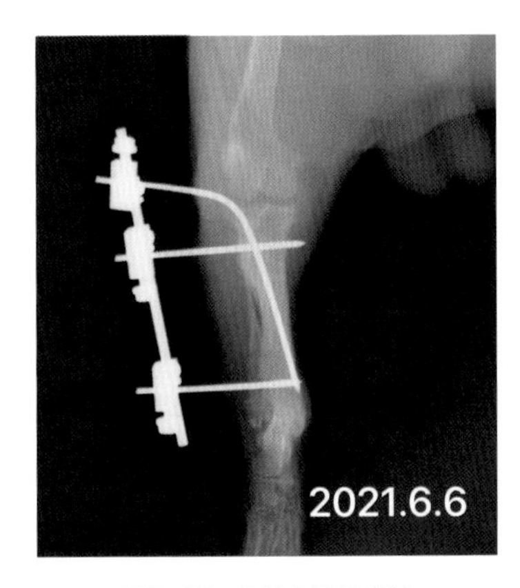


图8-66　6月6日X光片

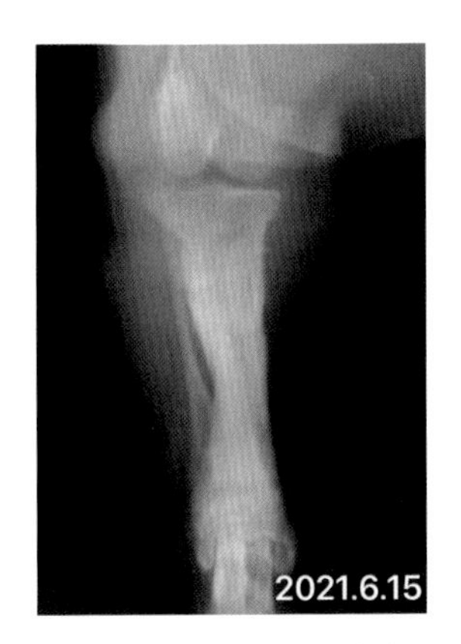


图8-67　6月15日X光片

## 十八、警犬

受伤警犬的后肢骨折。

病史：在训练中不幸受伤的警犬，右侧后肢不能着地，疼痛。

检查：触诊疼痛，怀疑骨折，影像检查，胫骨斜骨折。

手术方案：犬外固定方案的使用（图8-68 ~ 图8-71）。

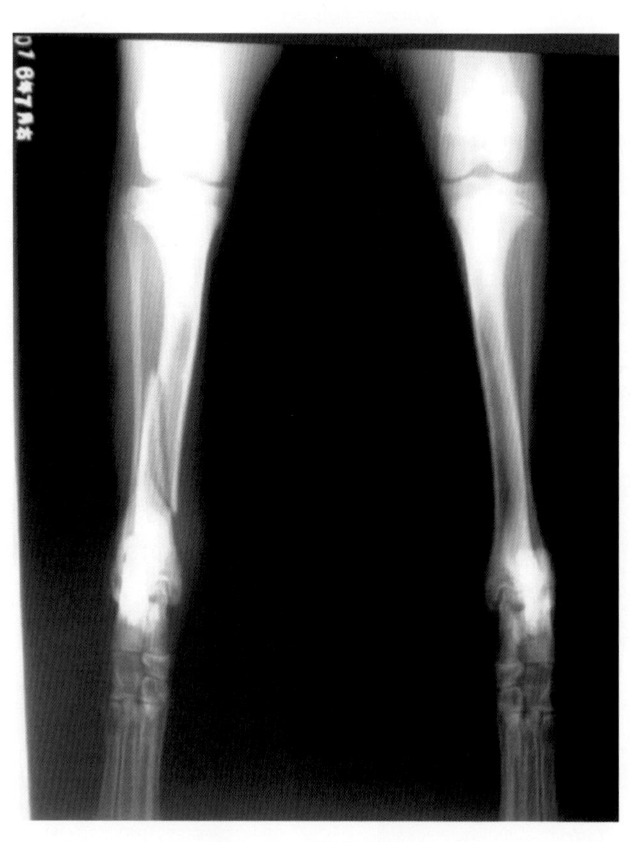

图8-68　就诊当天X光片

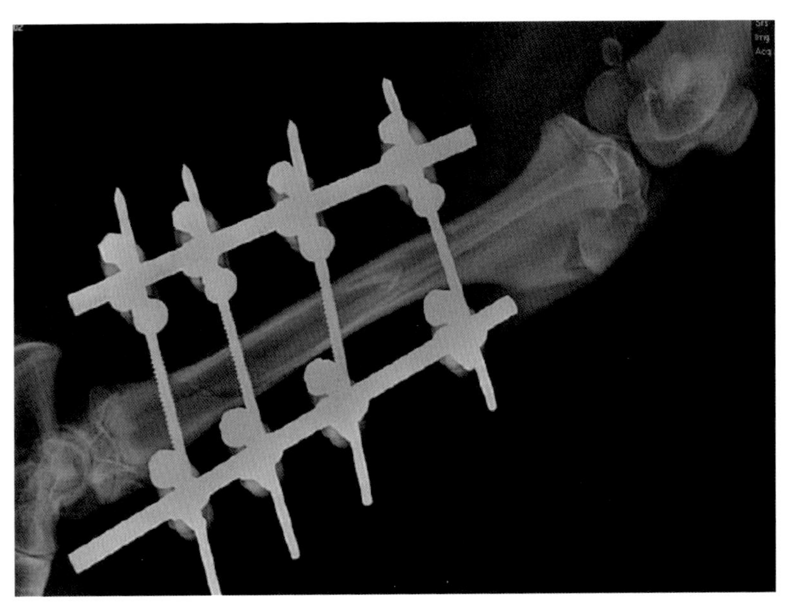

图8-69　术后当天X光片（一）

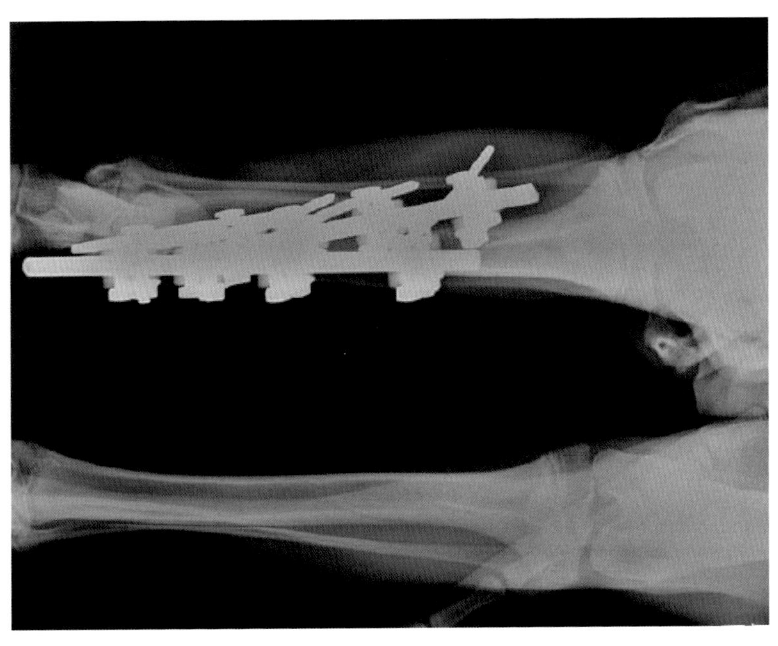

图8-70　术后当天X光片（二）

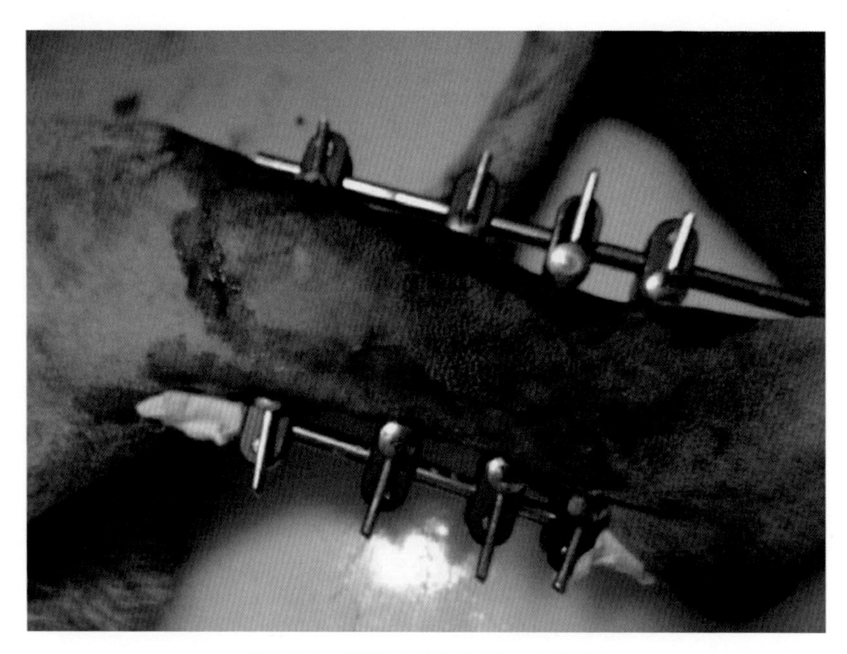

图8-71　术后半个月恢复良好，走路顺畅

后期回访，2个月后恢复训练，感觉没有异常。

## 十九、威士忌

动 物 名：威士忌

品　　种：牛头梗

年　　龄：1岁

在公园玩耍，不慎从高台摔下，不能走路，疼痛。

后肢瘀血严重，肿胀明显，有出血，DR影像见图8-72、图8-73。

手术方案：考虑后肢负重大，外伤严重，骨板不好复位，采用外固定支架。术后影像见图8-74 ~图8-76。

术后1个多月，骨折部位愈合良好，走路顺畅（图8-77、图8-78）。



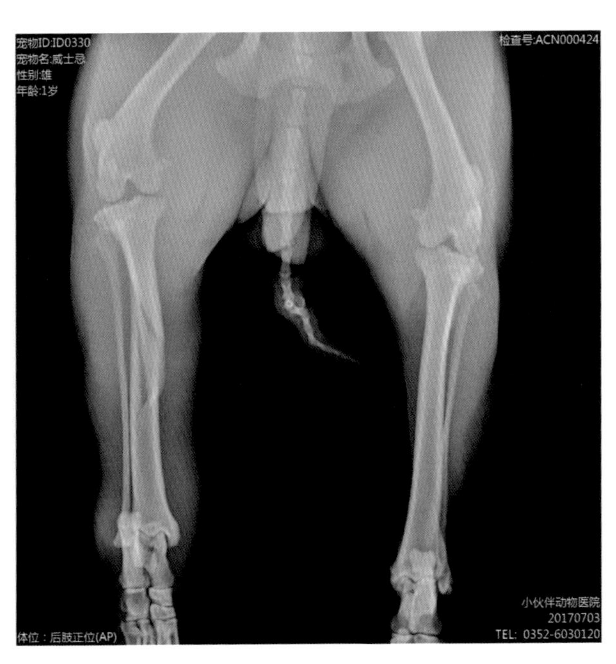


图8-72　受伤当天X光片（一）

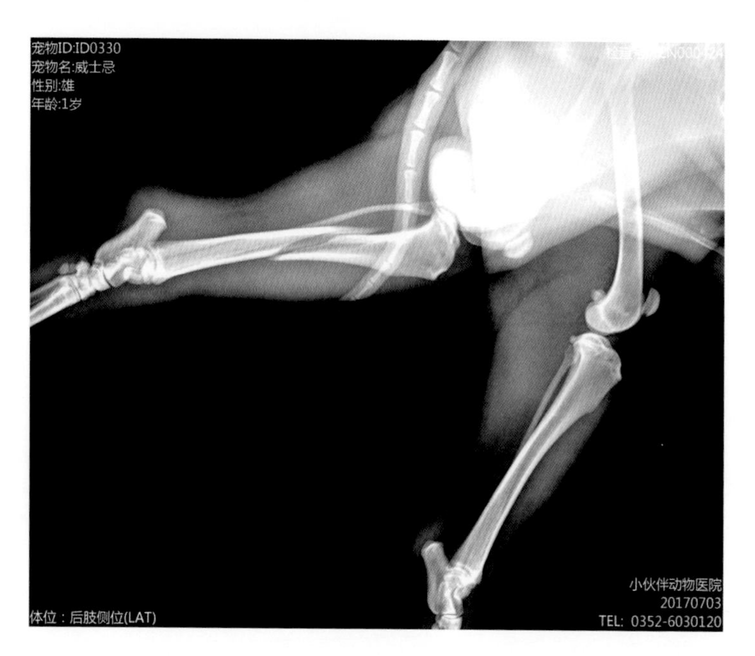


图8-73　受伤当天X光片（二）

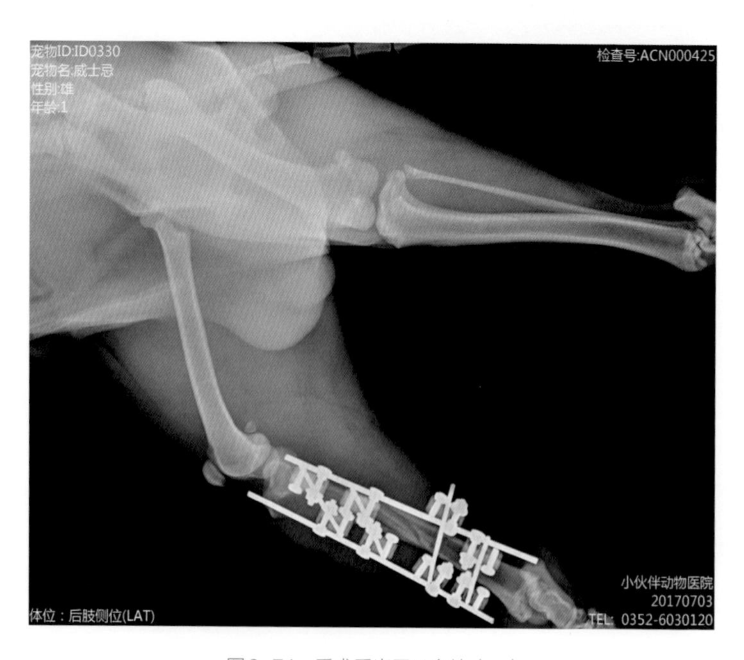


图8-74　手术后当天X光片（一）

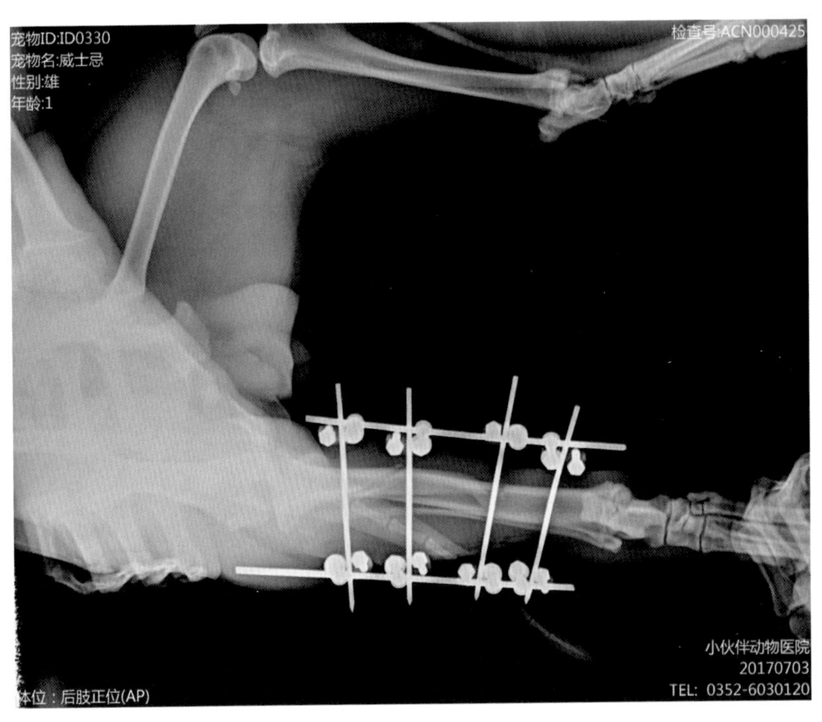


图8-75　手术后当天X光片（二）

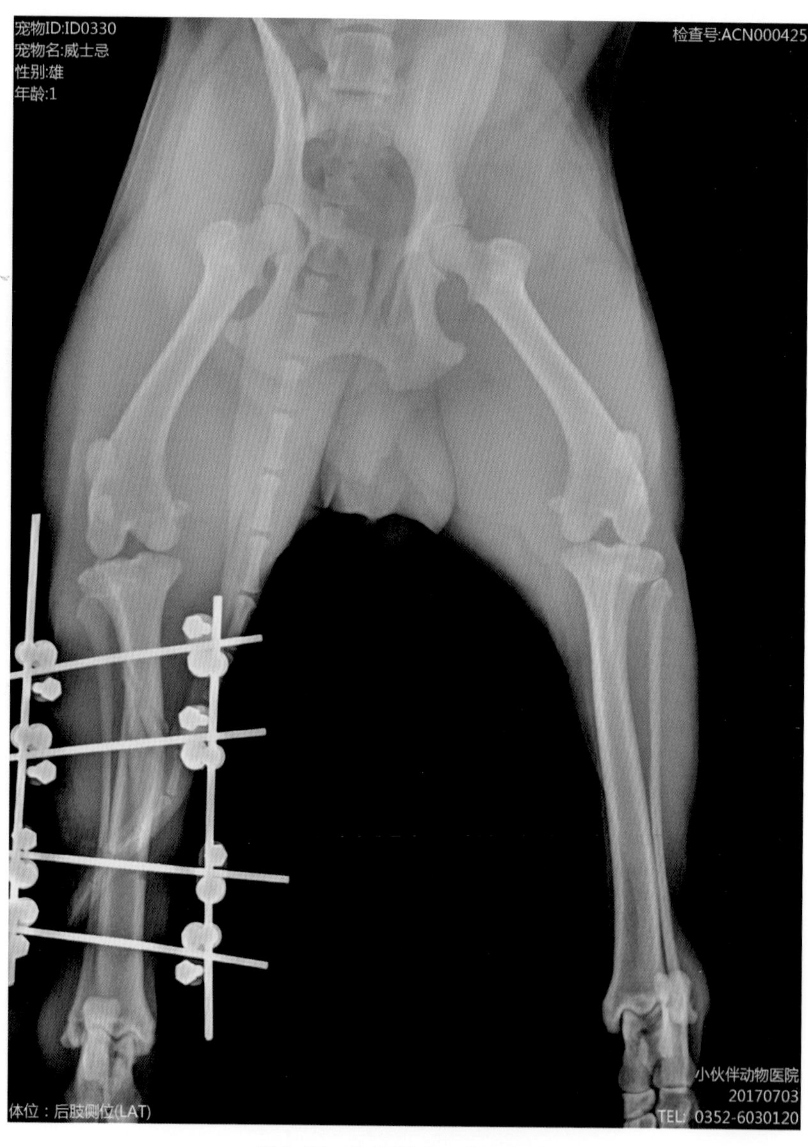


图8-76 手术后当天X光片（三）

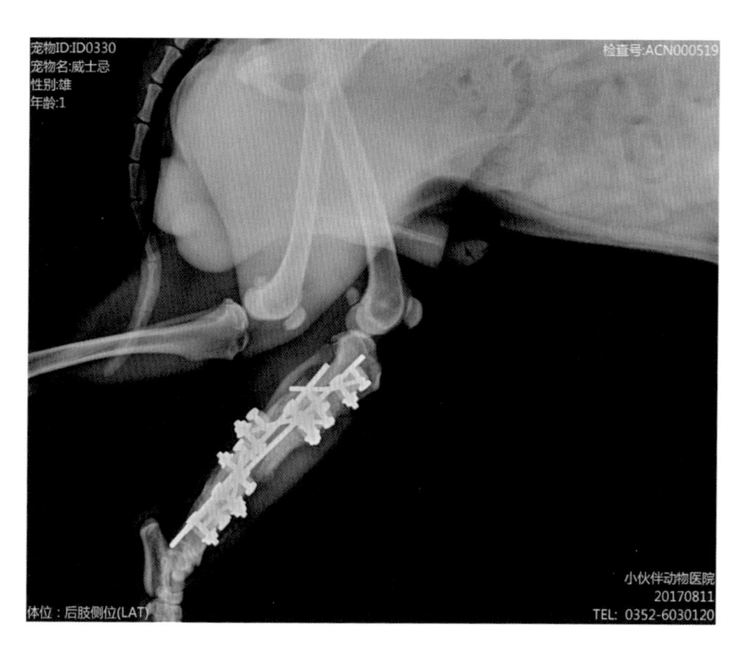


图8-77 手术后1个多月X光片（一）

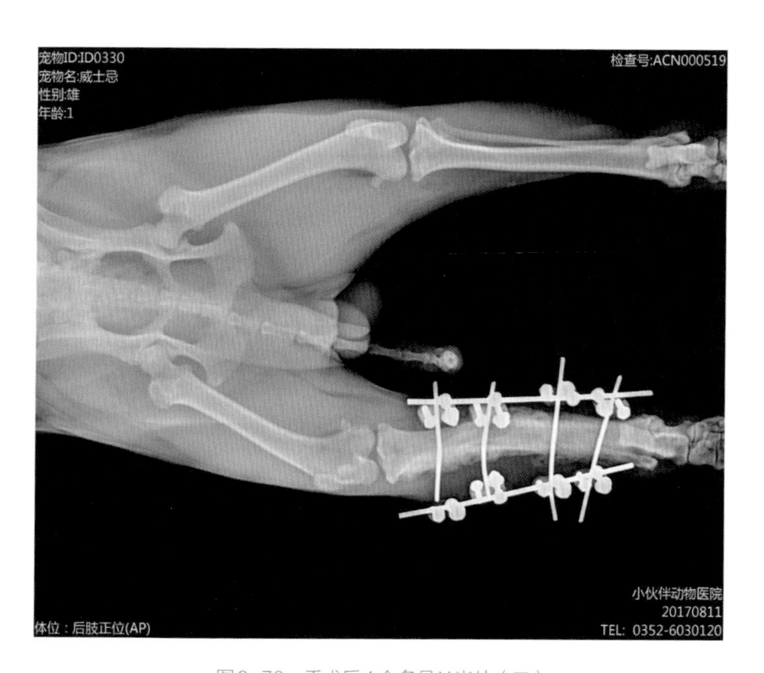


图8-78 手术后1个多月X光片（二）

## 二十、非洲狮

一些大型动物也有采用外固定支架技术治疗成功的案例，如广州动物园的非洲狮和黑羚羊。

非洲狮右后肢跟骨骨折翻修术。

2017年10月3日1周岁雌性非洲狮右后肢突发跛行。

2017年10月4日 X光检查见跟骨斜骨折。

2017年10月5日采用钛合金双钢板加髓内针方法内固定。

2017年10月8日术后第三天见地上有脱落的髓内针，2017年10月9日拍片发现固定已失败，钢板扭转、螺丝脱落和螺钉断裂。

2017年10月11日术后第8天空心螺栓加外固定支架翻修。

2017年10月27日复查见骨连接部有骨溶解，白细胞升高，输液消炎控制炎症。

2018年2月24日拆除支架，空心螺栓保留体内，康复运动半个月后，走动、跑动姿势完全恢复正常。

2018年5月7日半年后复查。

2020年9月20日两年后例行复查（图8-79 ~图8-100）。

2022年2月临床表现一切正常。

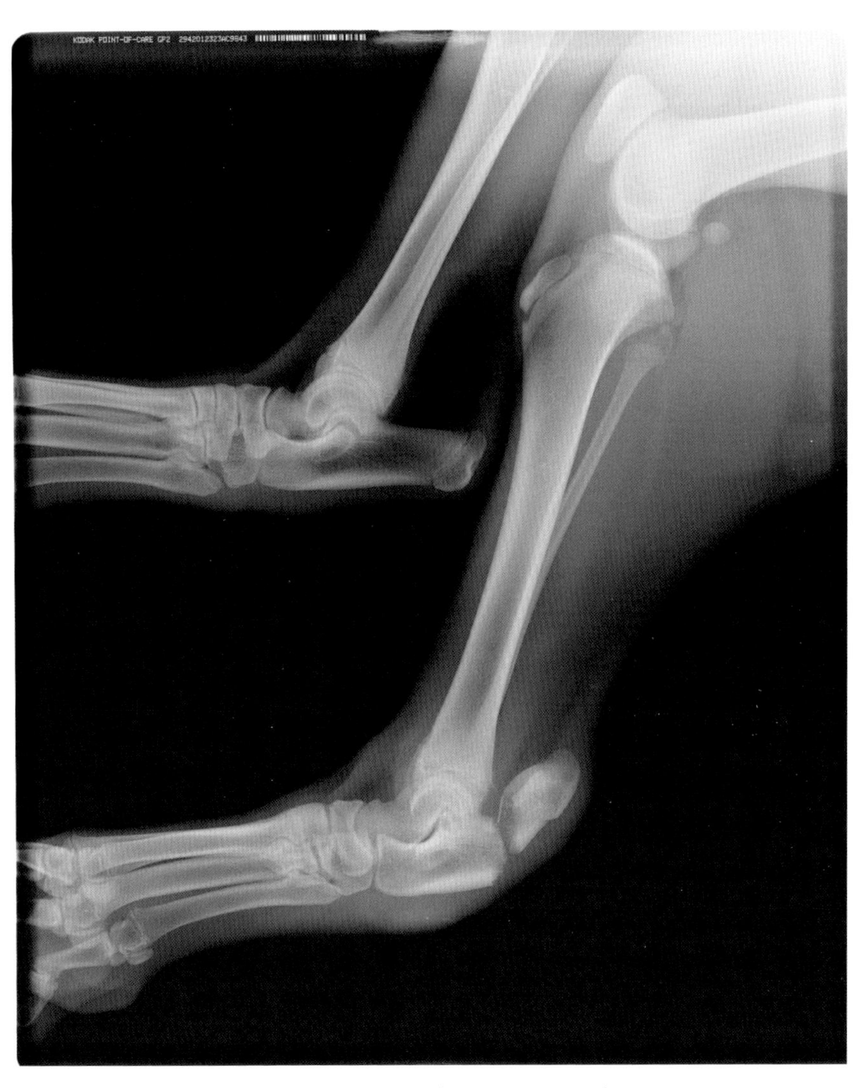


图8-79　跟骨斜骨折（2017年10月4日）

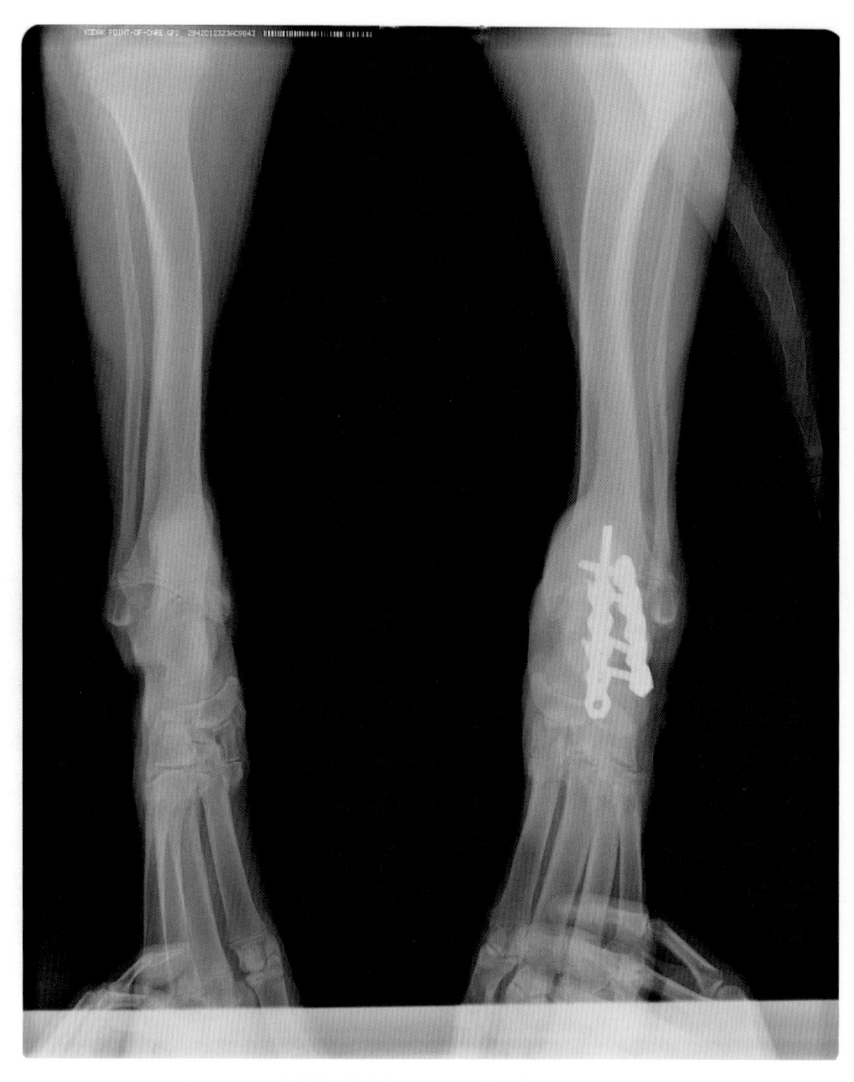

图8-80　髓内针加钛合金双钢板掌背位（2017年10月5日）

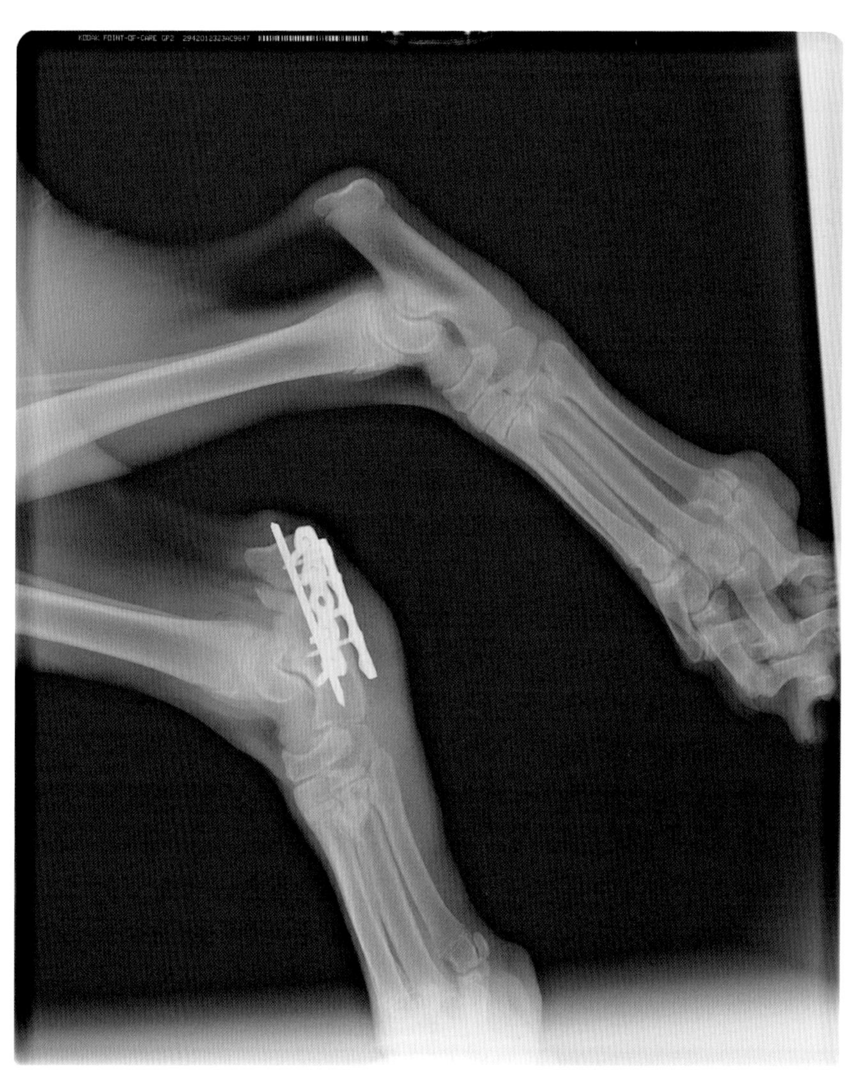

图8-81 髓内针加钛合金双钢板侧位（2017年10月5日）

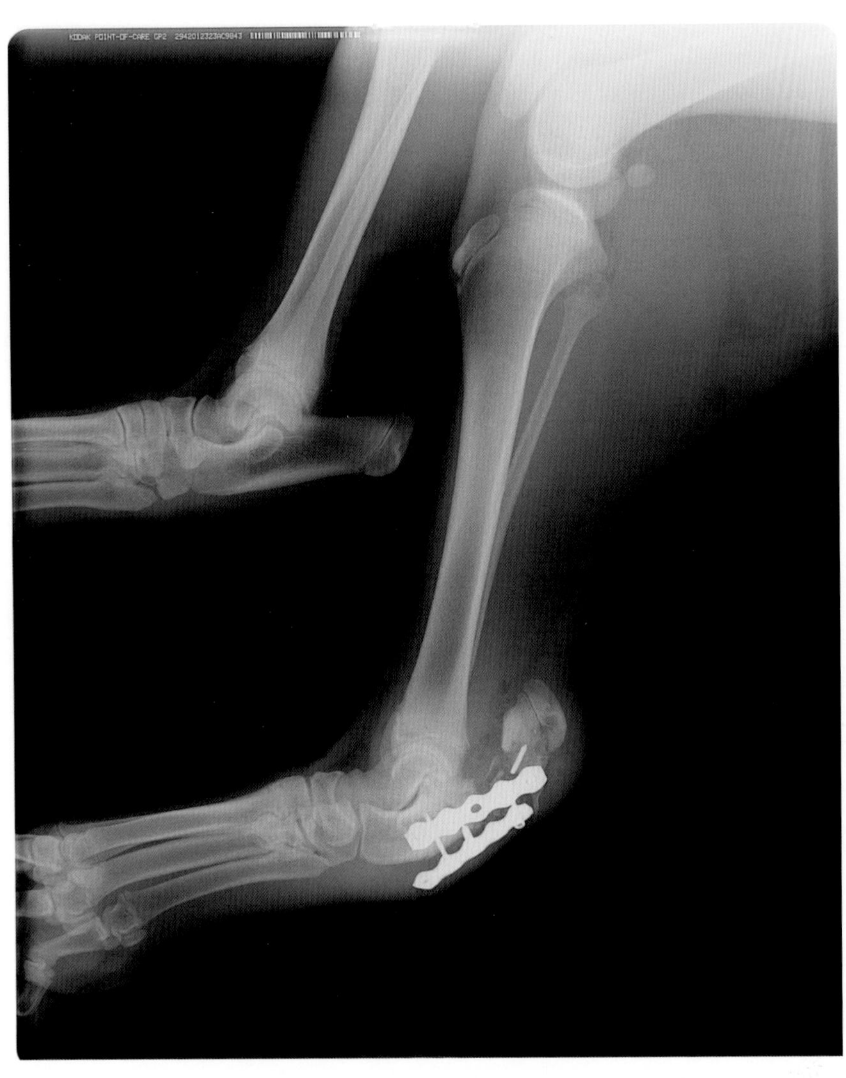


图8-82 钢板扭转，螺钉断裂（侧位）（2017年10月9日）

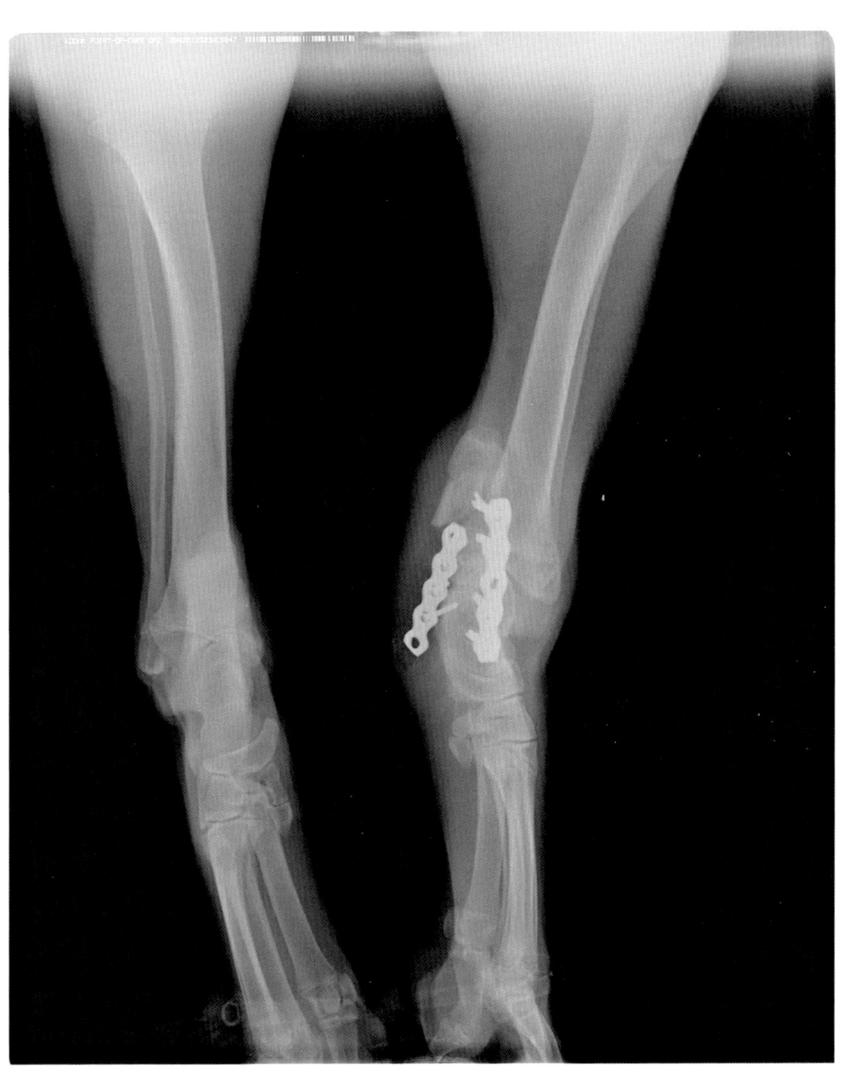

图8-83　钢板扭转，螺钉断裂（掌背位）（2017年10月9日）

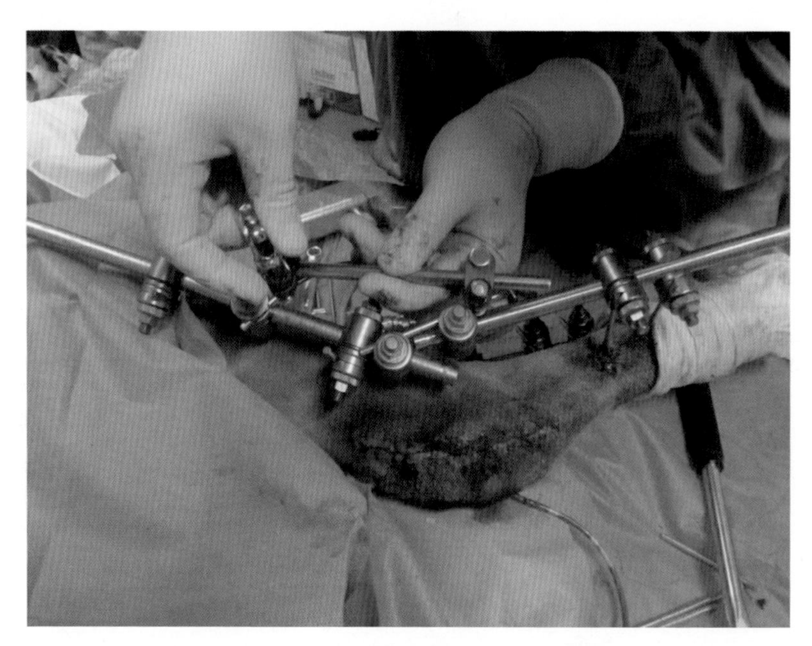

图8-84　髓内针加外固定支架翻修（2017年10月11日）

图8-85　髓内针加外固定支架翻修后（2017年10月12日）

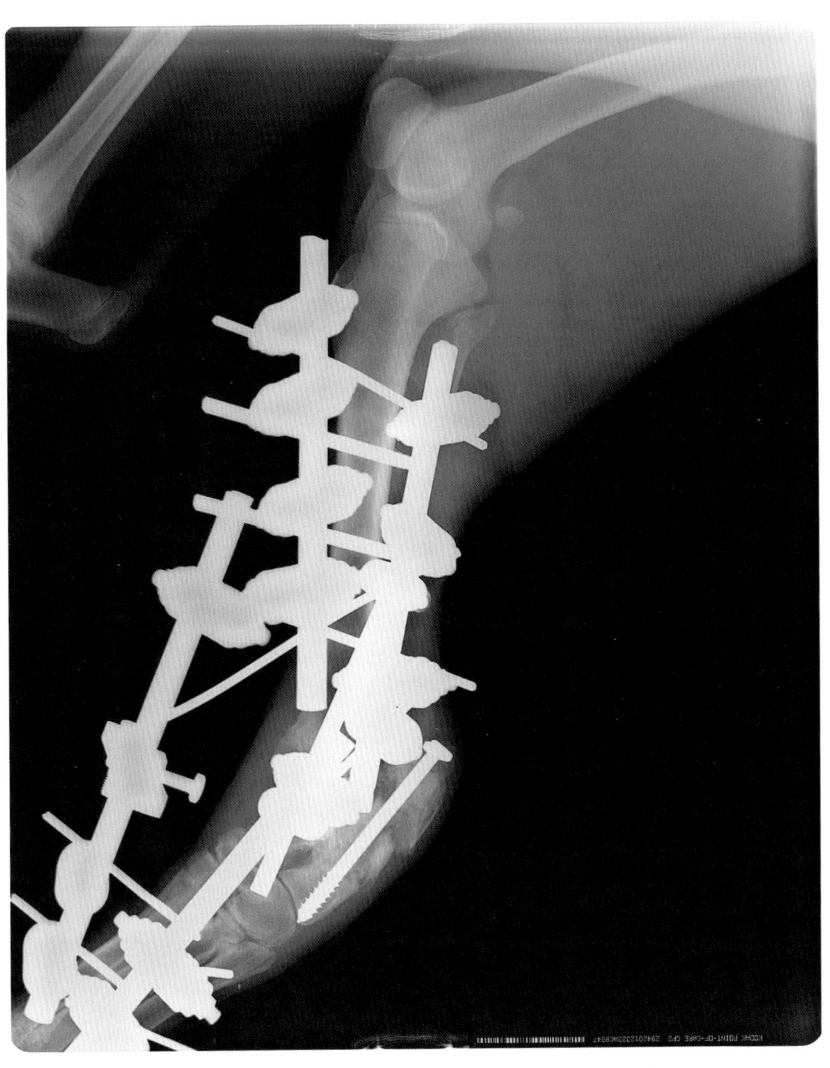

图8-86 术后1周X光片(侧位)(2017年10月17日)

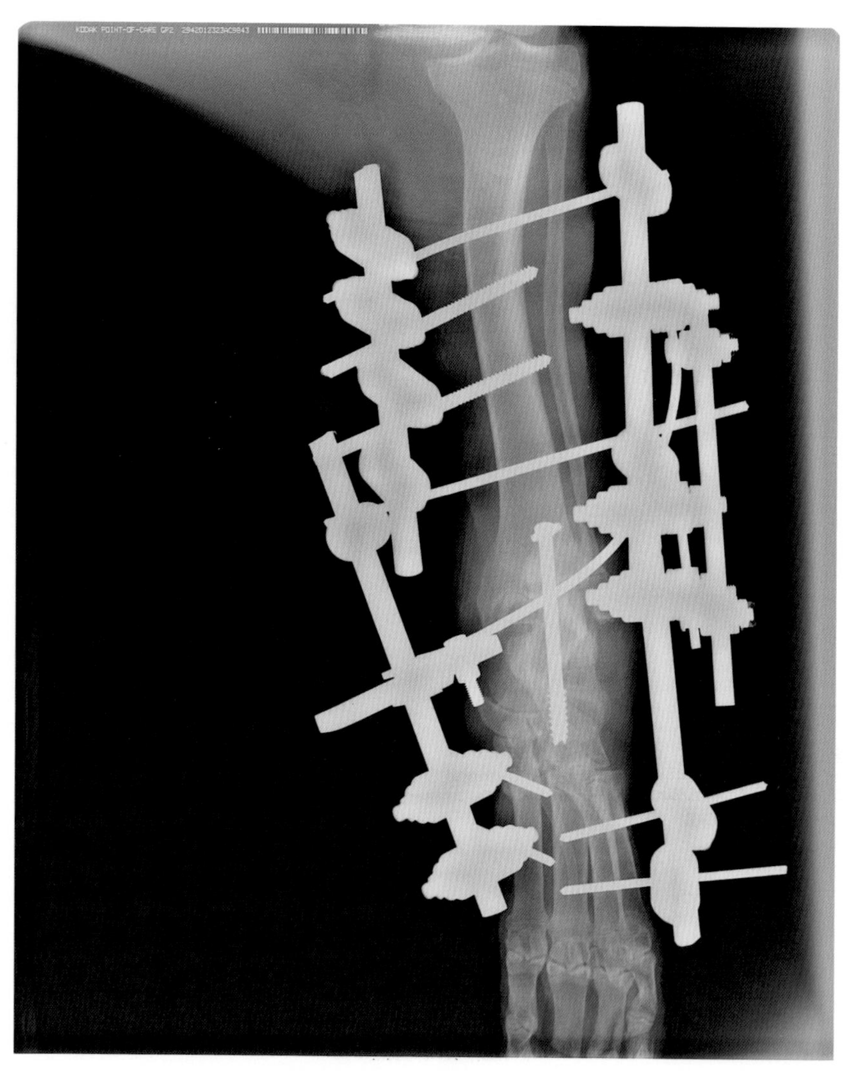

图8-87　术后1周X光片（掌背位）（2017年10月17日）

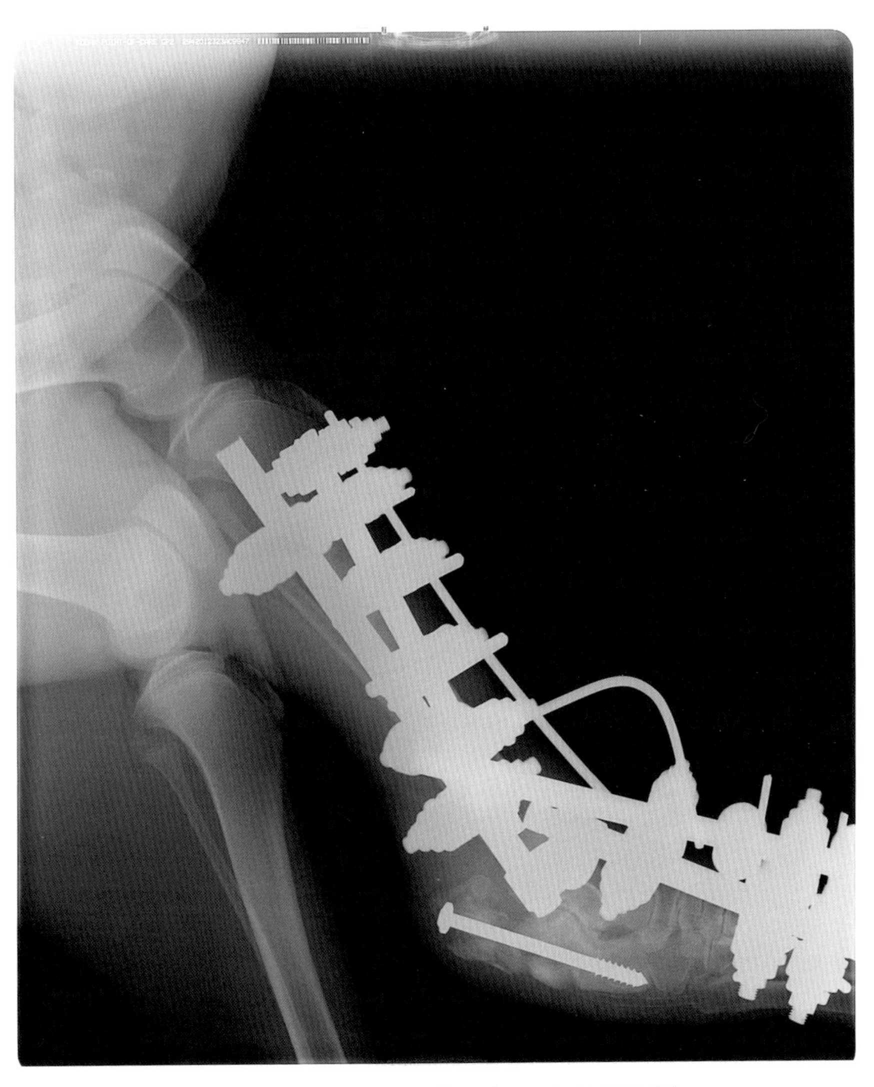

图8-88　增加4根支架探针加固（2017年10月20日）

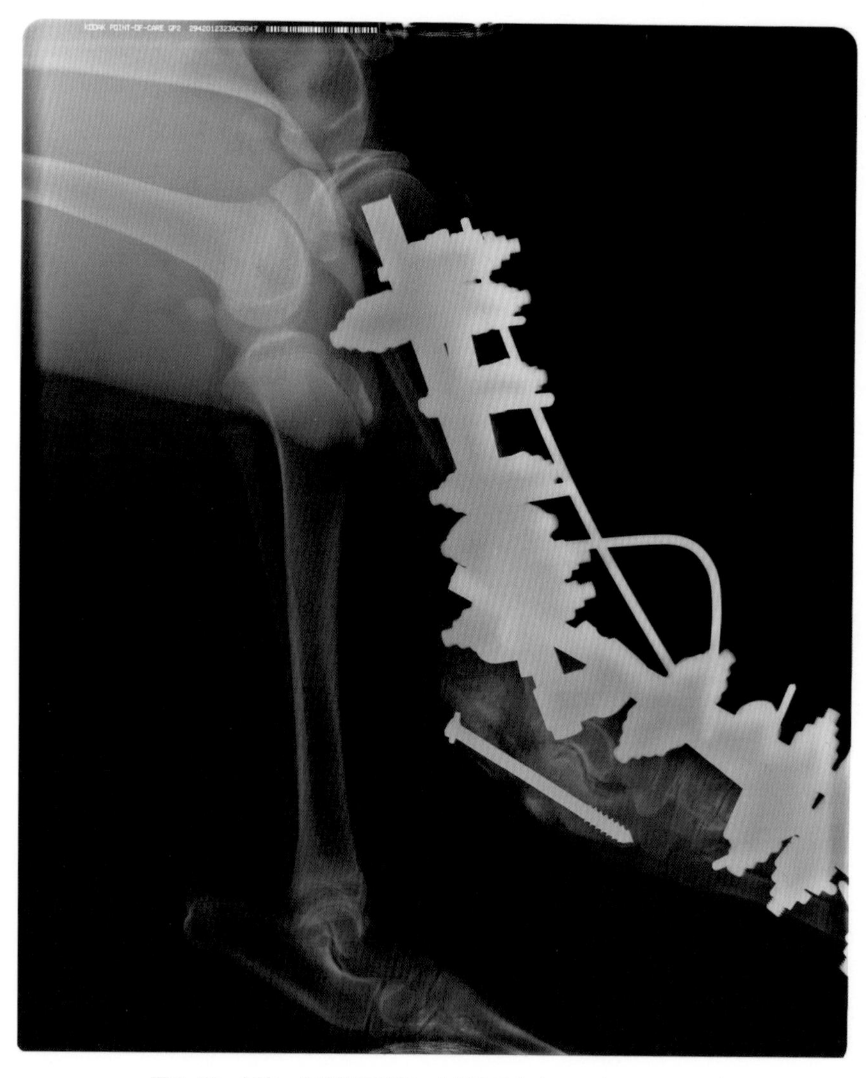

图8-89 复查，连接部骨溶解，白细胞升高（2017年10月27日）

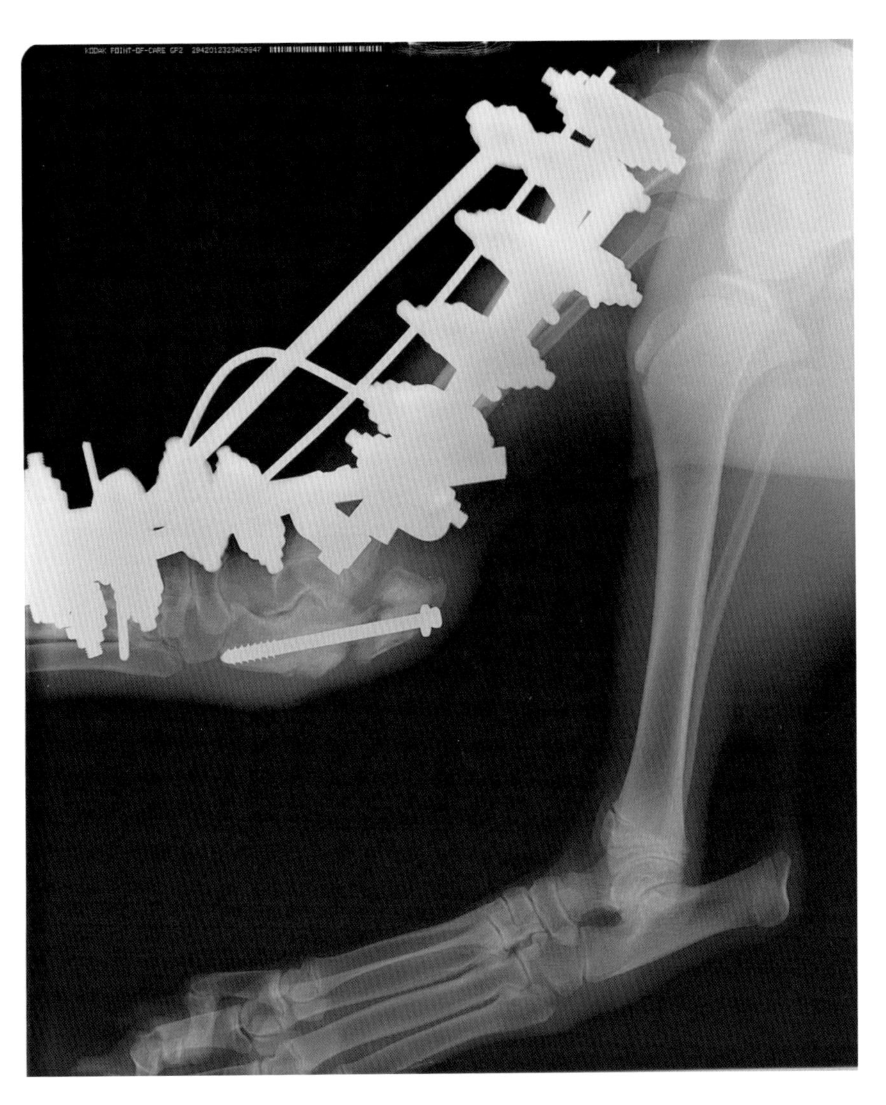


图8-90 复查（侧位）（2017年11月3日）

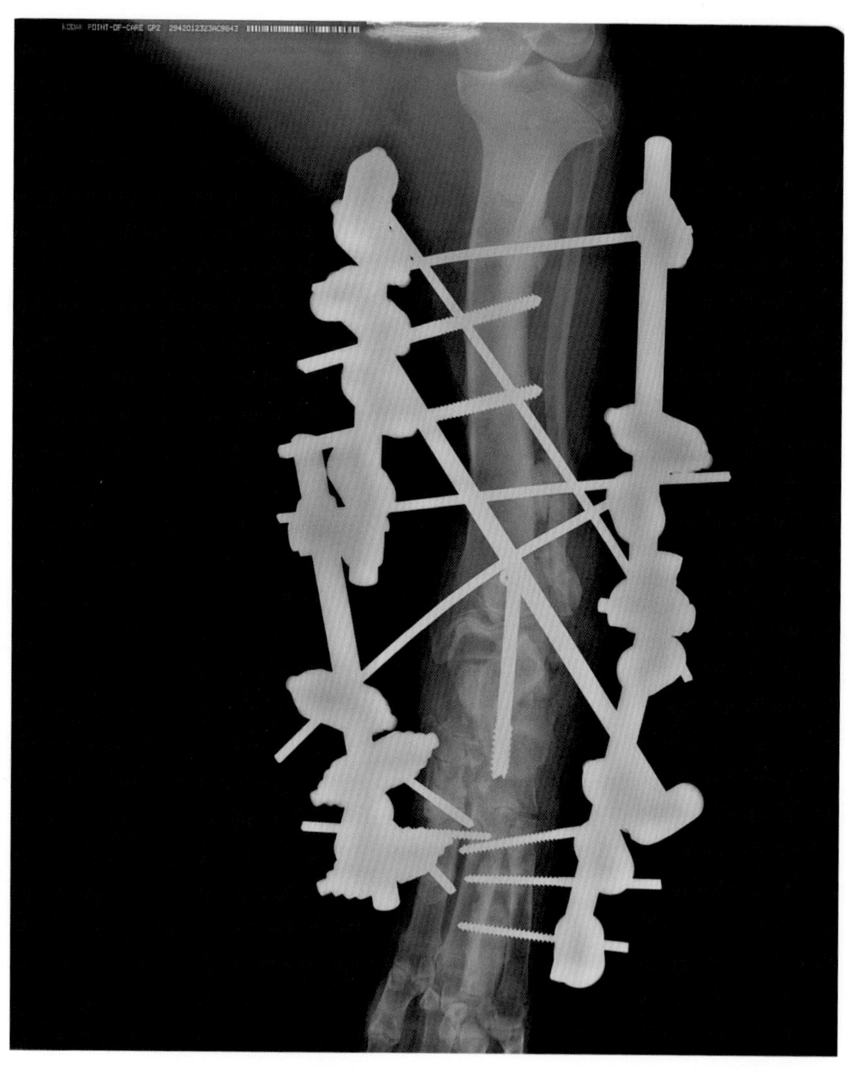

图8-91　复查（掌背位）（2017年11月3日）

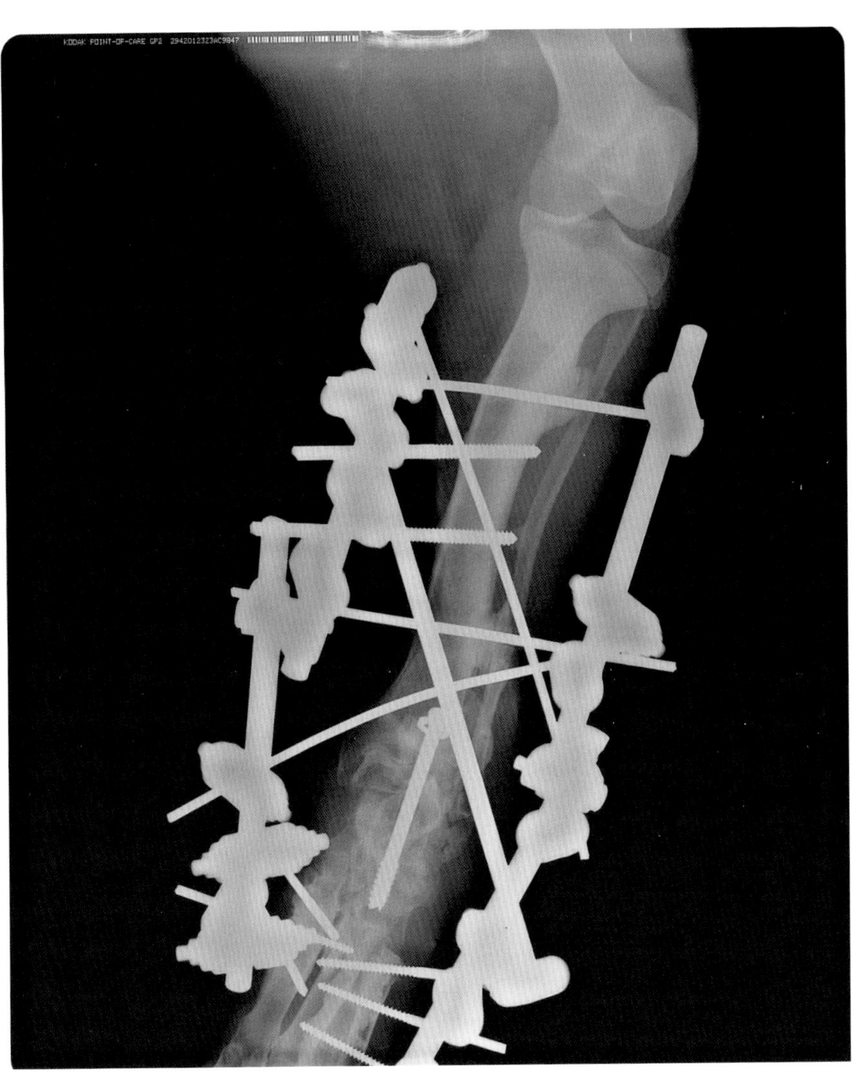

图8-92 复查（掌背位）（2017年12月1日）

图8-93　复查（侧位）（2017年12月1日）

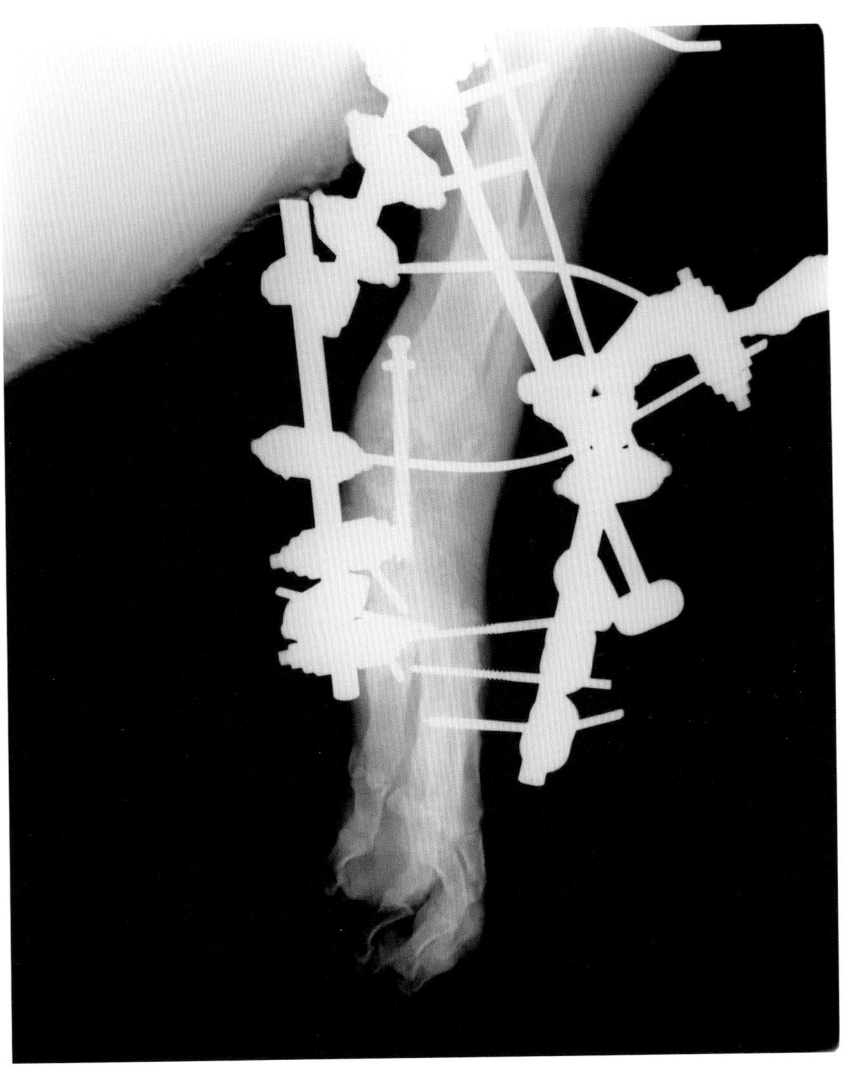

图8-94　支架拆除前（侧位）（2018年2月24日）

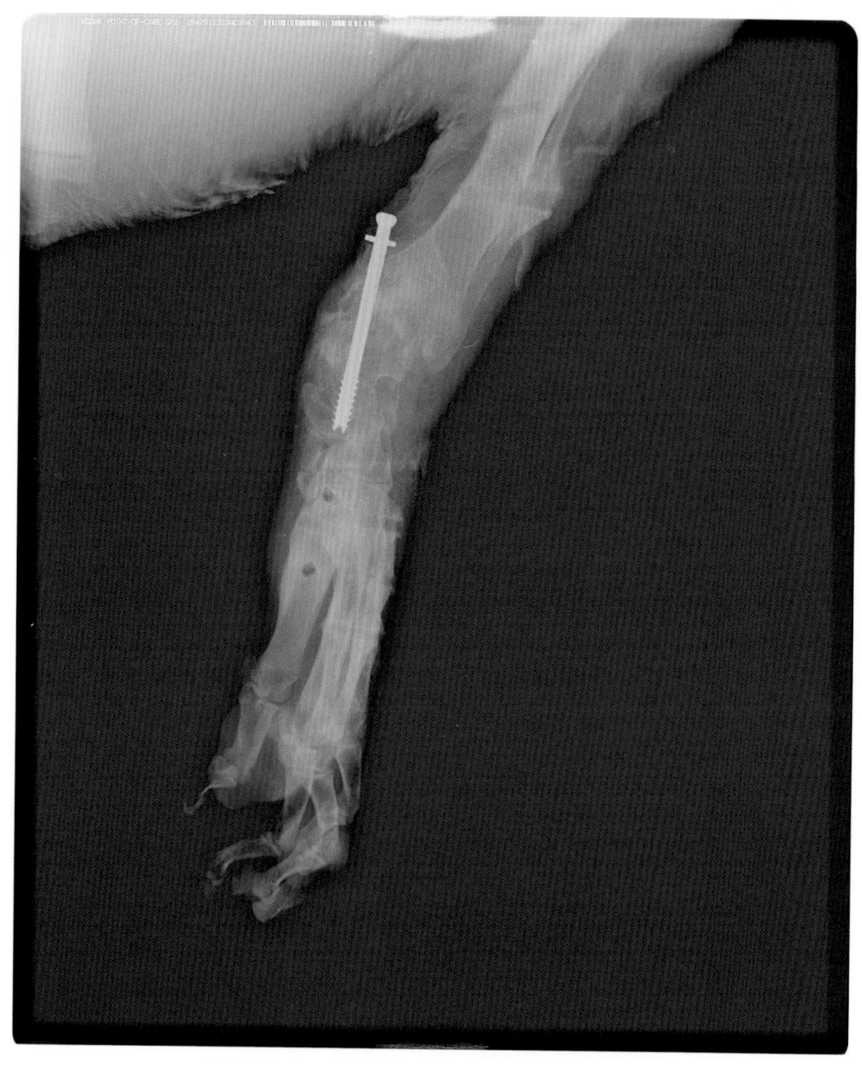

图8-95　支架拆除后（掌背位）（2018年2月24日）

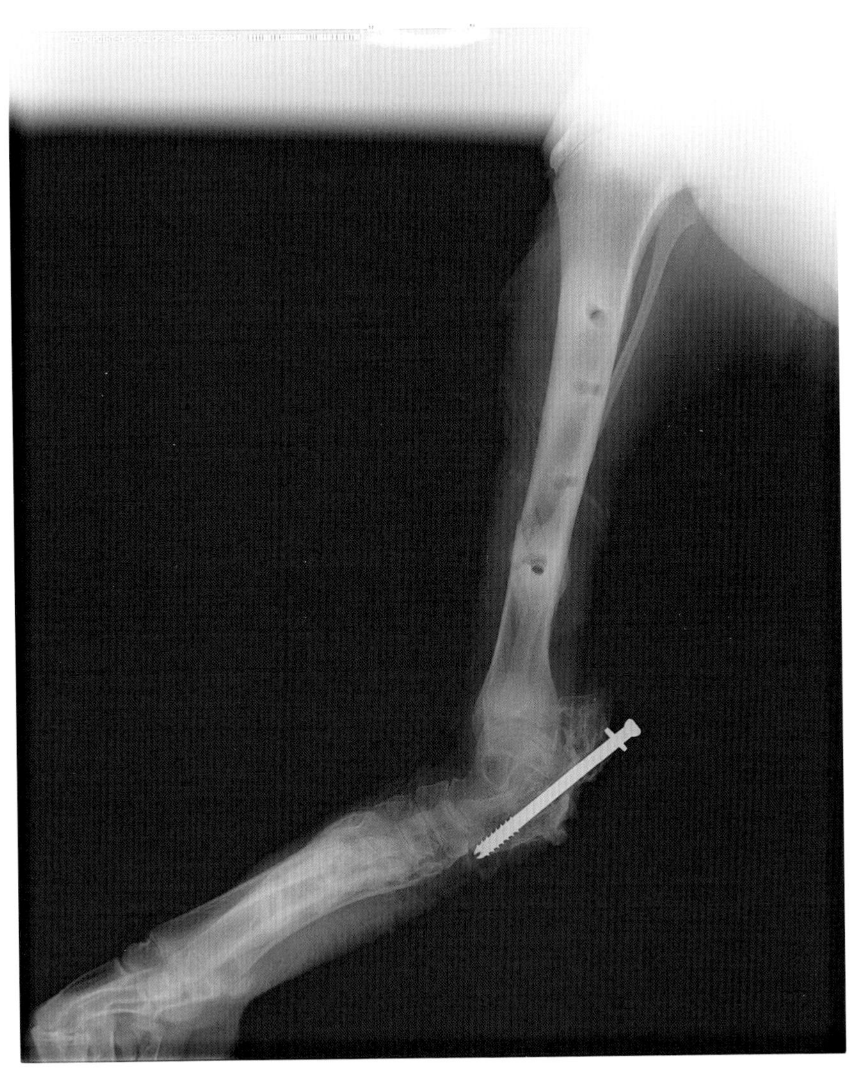

图8-96　支架拆除后（侧位）（2018年2月24日）

图8-97 回访——习惯性撑腿，逐步开展康复训练，半个月后跑动行走姿势完全恢复正常（2018年2月26日）

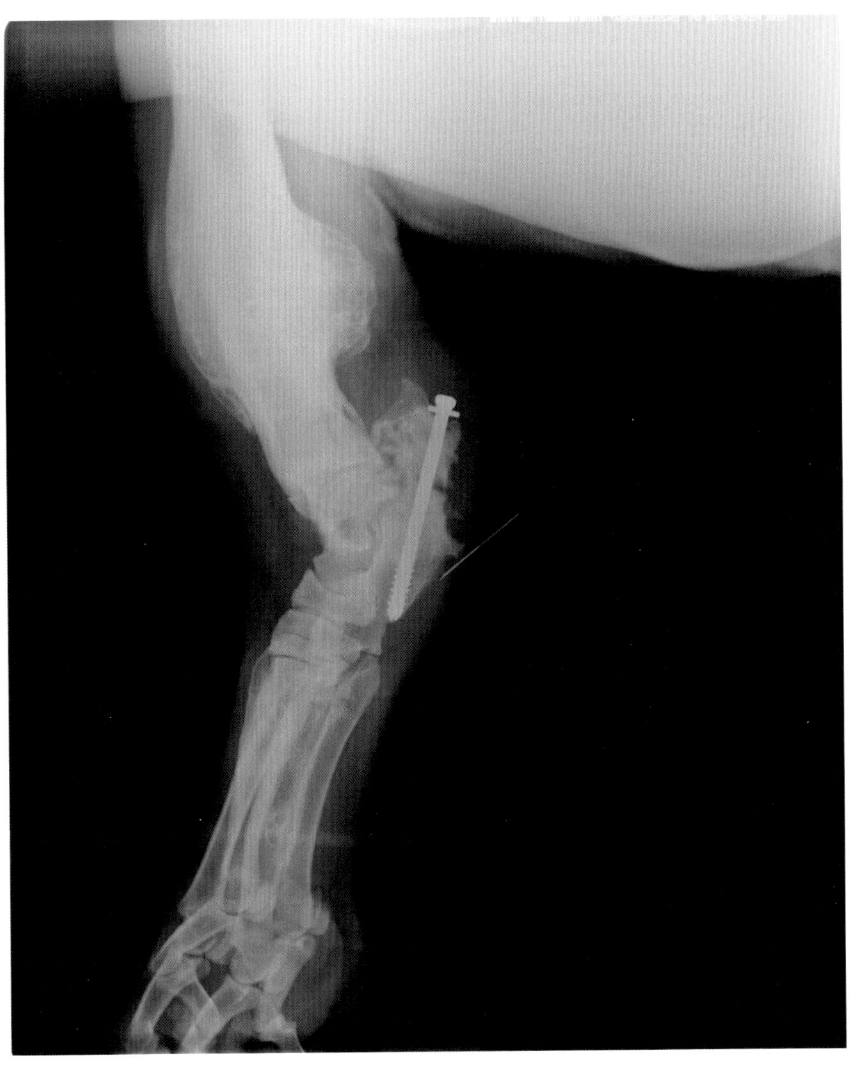

图8-98 复查（2018年5月7日）（一）

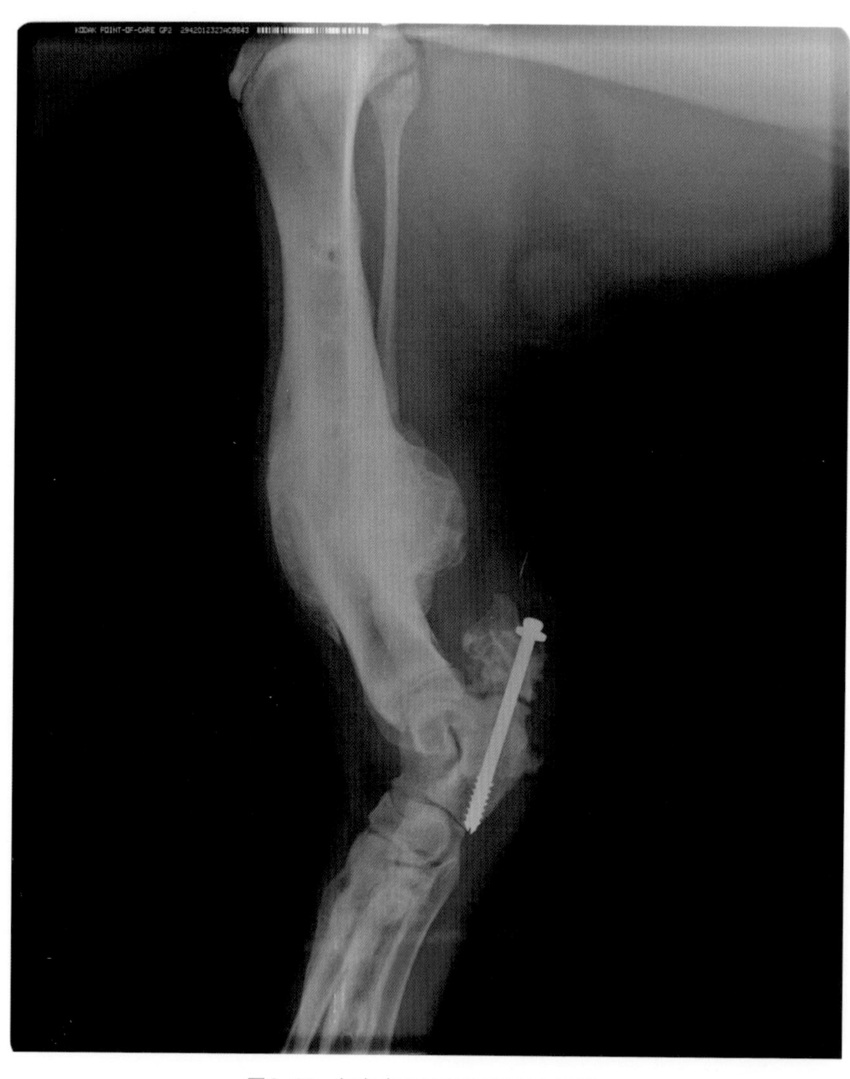


图8-99 复查（2018年5月7日）（二）

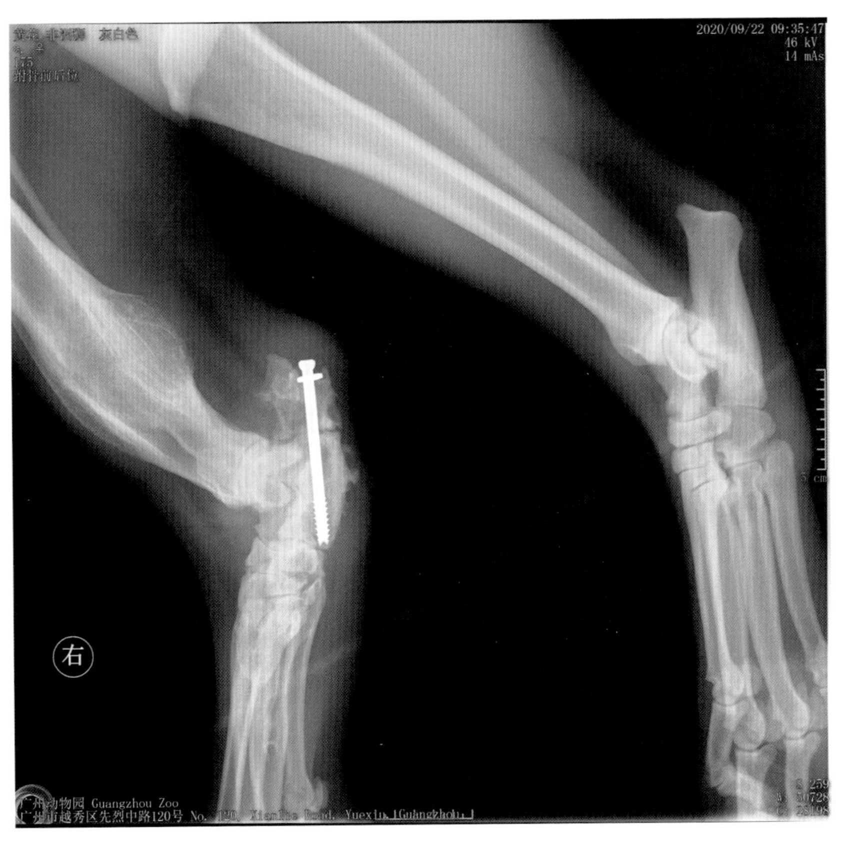


图8-100　复查（2020年9月20日）

## 二十一、黑羚羊

黑羚羊右后肢跖骨粉碎性骨折外固定支架修复术。

2018年3月1日母黑羚羊在群体追逐后右后肢悬起不着地，麻醉后简单夹板保护患肢后入院，X射线检查见右后肢跖骨粉碎性骨折，且妊娠待产，即行外固定支架修复术。

2018年3月14日术后2周复查，断端骨碎片开始融合，跖骨近端有骨裂线，更换一根横断的探针。黑羚羊胆小较神经质，术后即使在小场饲养，仍难以较好地限制运动，只能通过支架来实现限动。黑羚羊弹跳力非常强，原地后肢弹跳就轻松跃起1.5米以上，对后肢的断端和探针周边骨头的撞击力很大，引起探针横断和骨裂。

2018年3月28日术后4周复查，断端逐步愈合，跖骨近端骨裂线如前。

2018年4月2日顺产自然哺乳，减少复查频率。

2018年7月13日术后约135天，母羊活动哺乳正常，幼羊生长发育良好，麻醉复查，骨愈合良好。

2018年9月12日麻醉检查，拆除支架，苏醒后跑动自然，恢复良好，未再麻醉复查（图8-101 ~图8-112）。

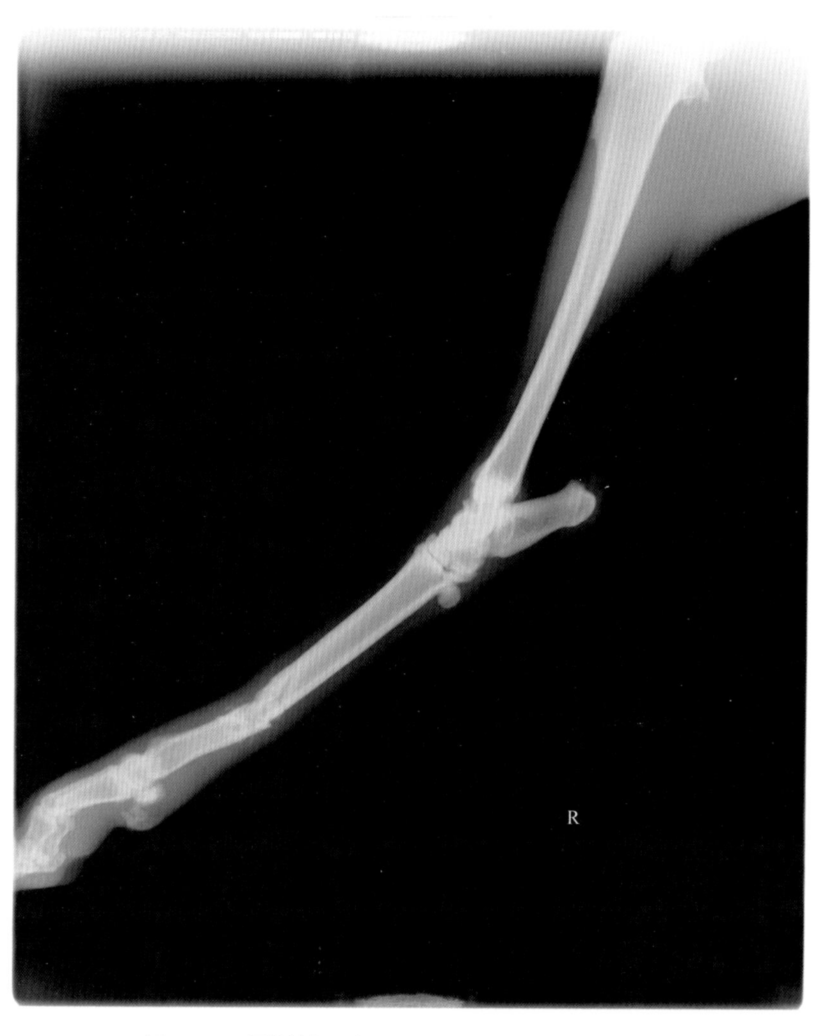


图8-101　黑羚羊右后肢跖骨粉碎性骨折（2018年3月1日）

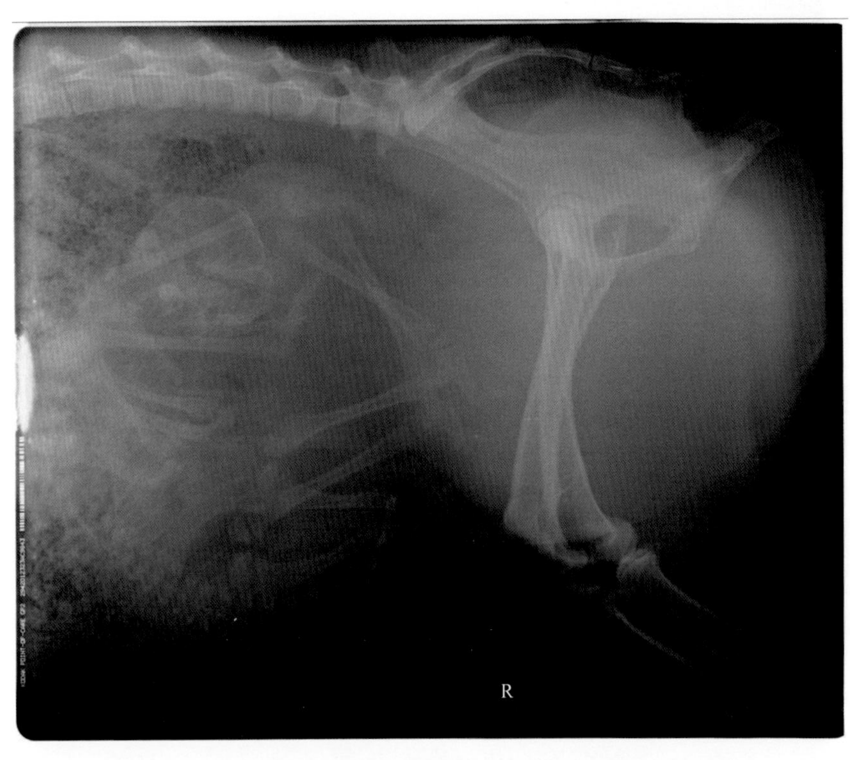


图8-102 黑羚羊右后肢跖骨粉碎性骨折，妊娠待产（2018年3月1日）

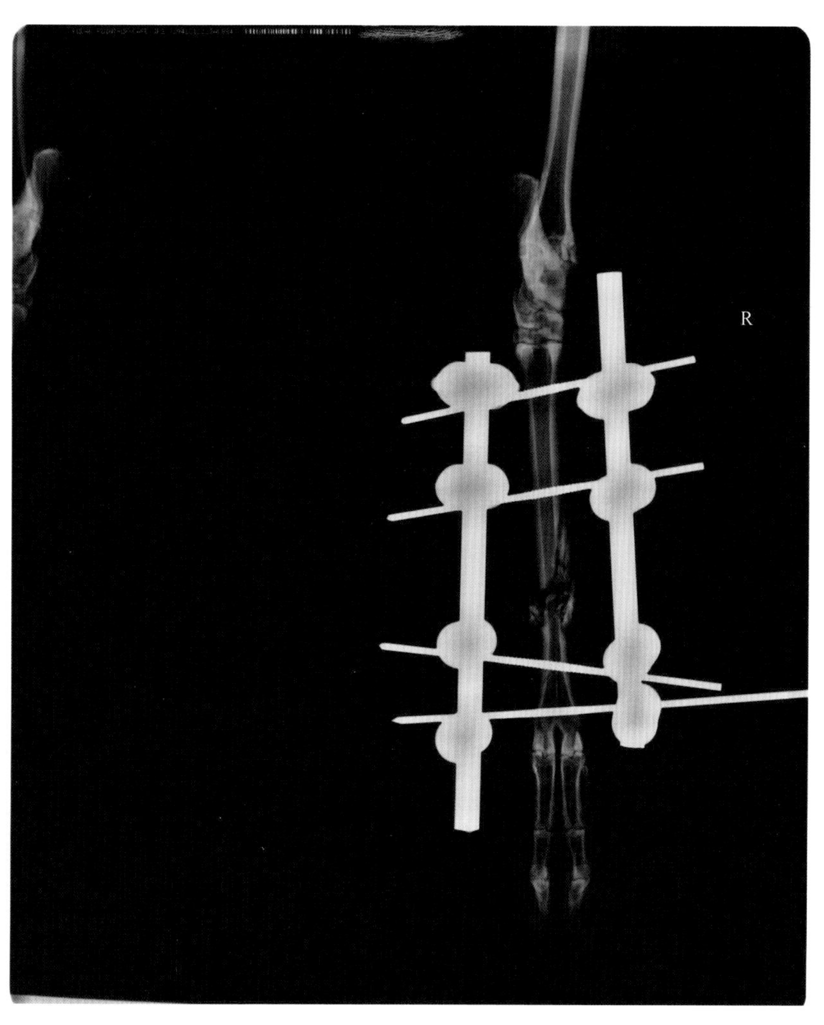


图8-103　外固定支架修复（2018年3月1日）（一）

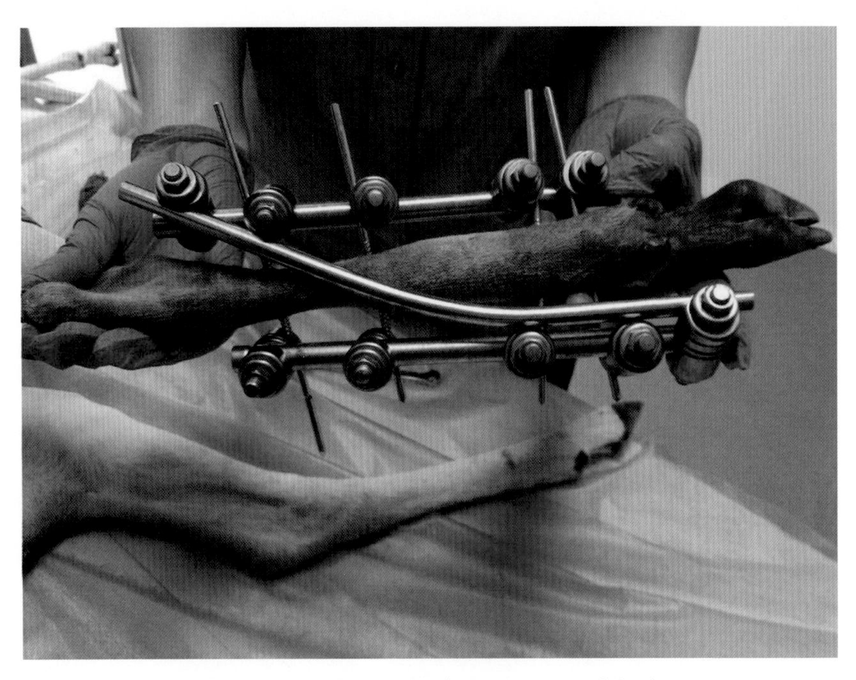

图8-104　外固定支架修复（2018年3月1日）（二）

图8-105　术后活动正常（2018年3月1日）

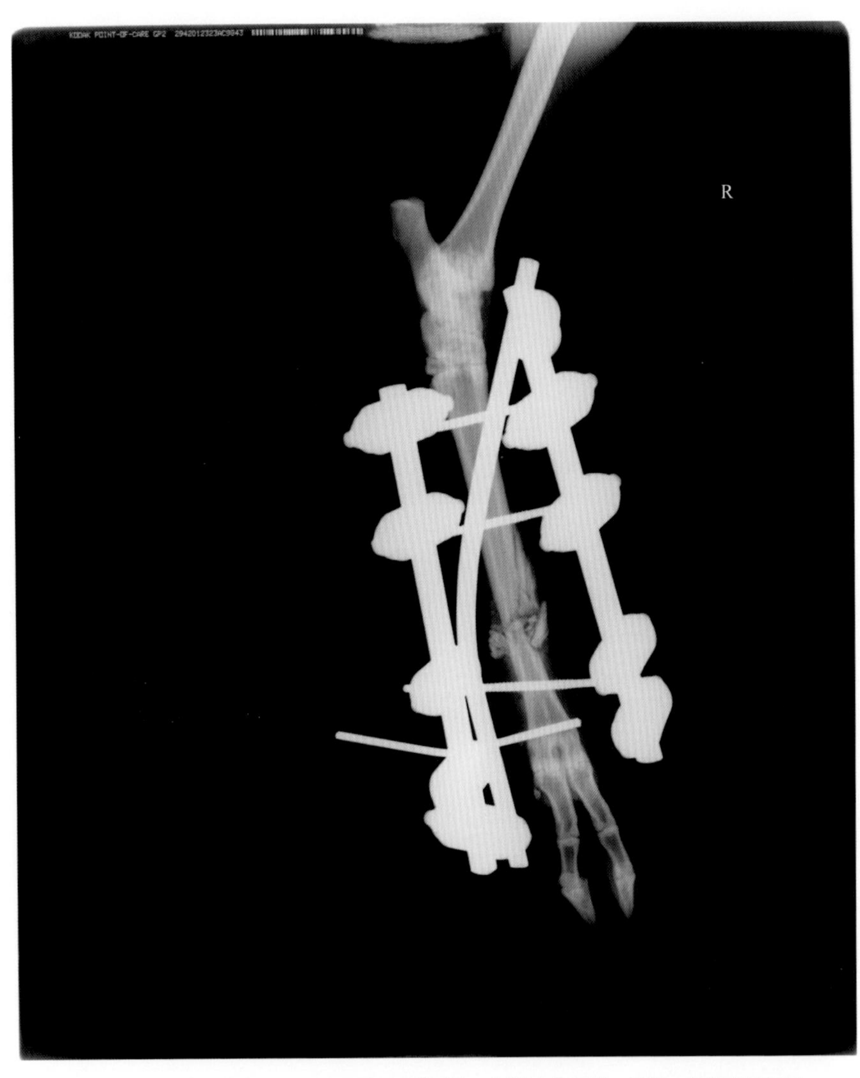


图8-106　术后2周复查，断端骨碎片开始融合，近端有骨裂线，更换一根横断的探针（2018年3月14日）（一）

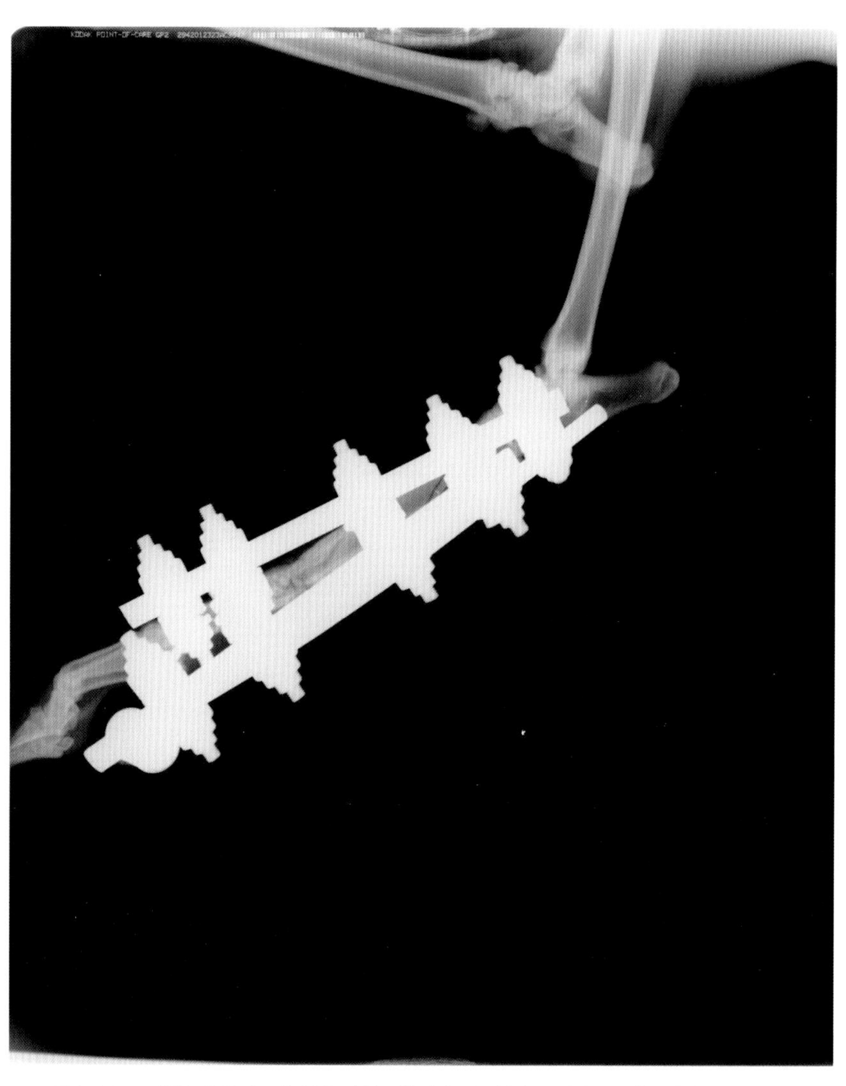

图8-107　术后2周复查，断端骨碎片开始融合，近端有骨裂线，更换一根横断的探针（2018年3月14日）（二）

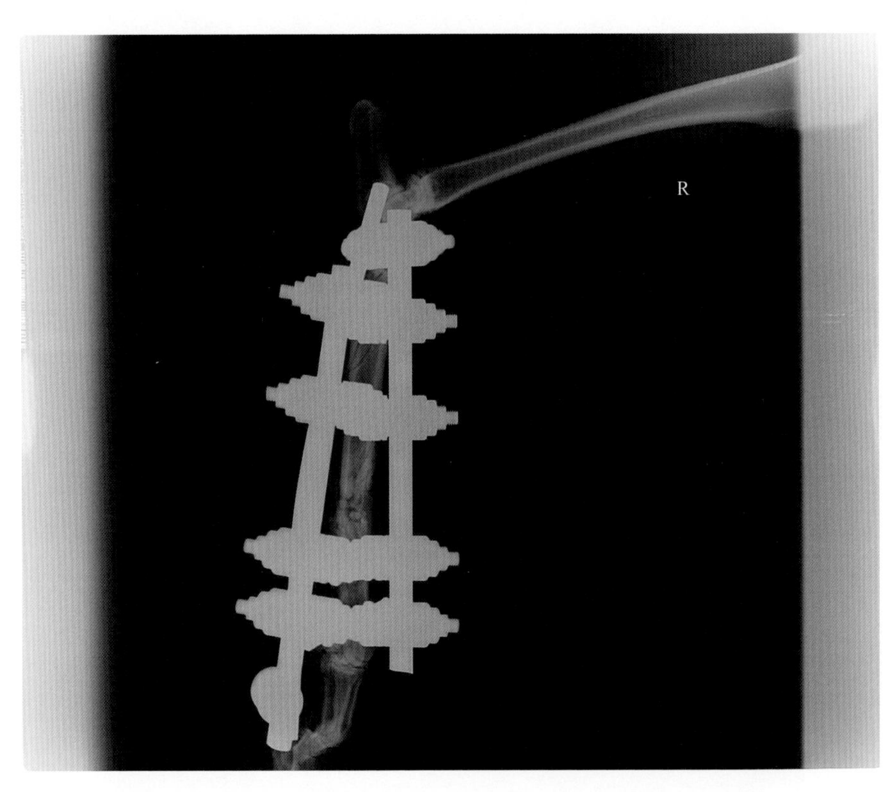


图8-108　术后4周复查，断端愈合，近端有骨裂线（2018年3月28日）

图8-109　顺产，自然哺乳（2018年4月2日）

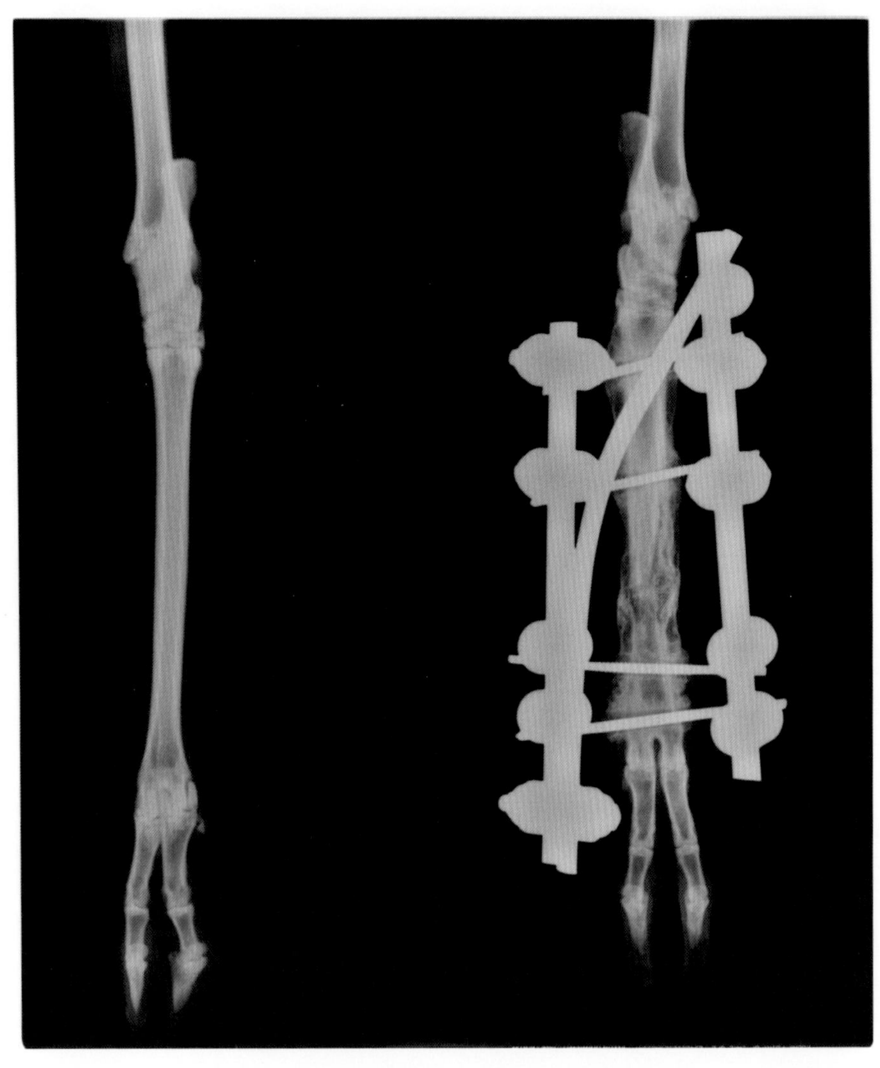

图8-110 术后约135天，母羊活动哺乳正常，幼羊生长发育良好，麻醉复查，骨愈合良好（2018年7月13日）

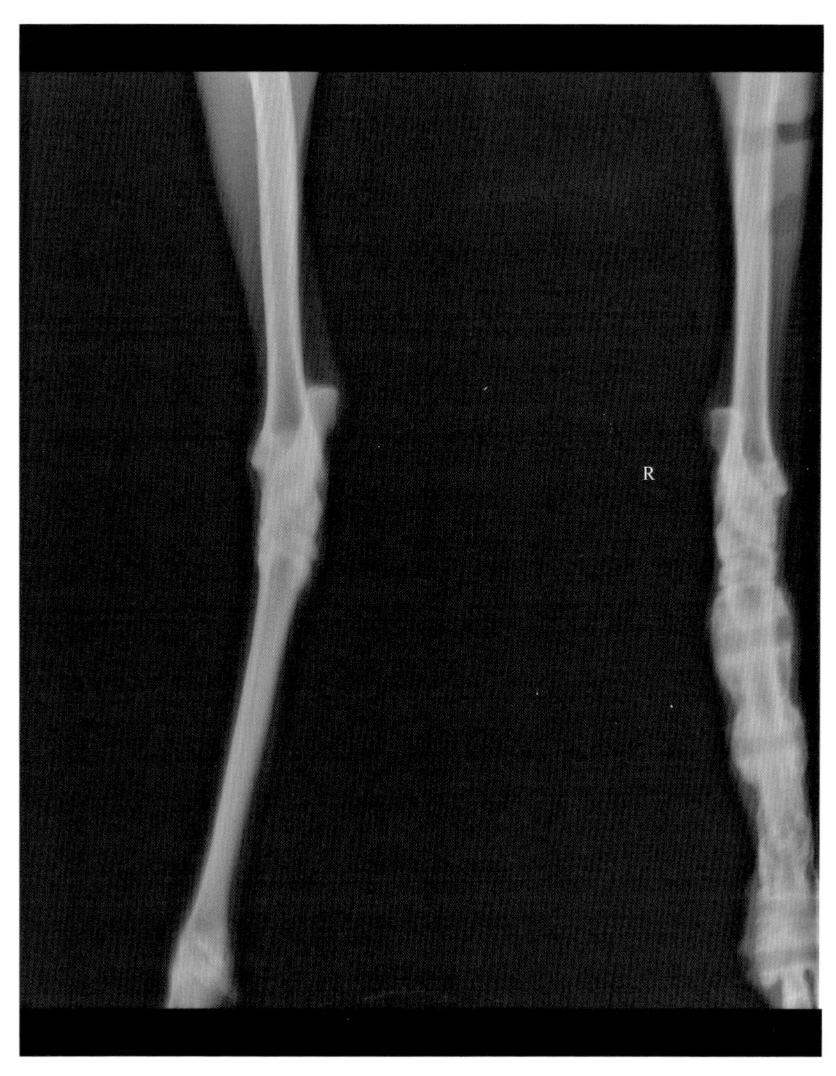


图8-111 麻醉检查，拆除支架，苏醒后跑动自然，恢复良好（掌背位）（2018年9月12日）

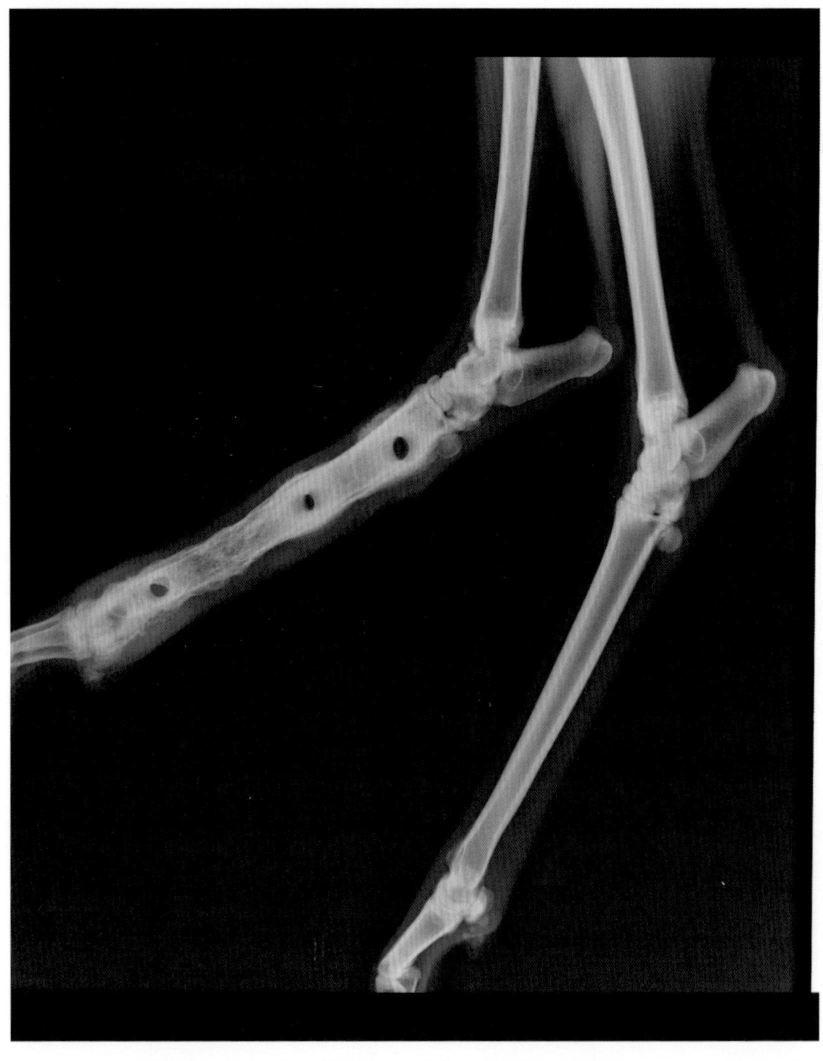

图8-112　麻醉检查，拆除支架，苏醒后跑动自然，恢复良好（侧位）（2018年9月12日）

## 二十二、金毛

雄性，10月龄，因为车祸造成前右桡尺骨骨折。考虑到桡尺骨骨折端错位轻，并且肌肉少容易触诊到骨骼，所以采用不开刀用螺纹钢针闭合性固定（图8–113 ～图8–117）。

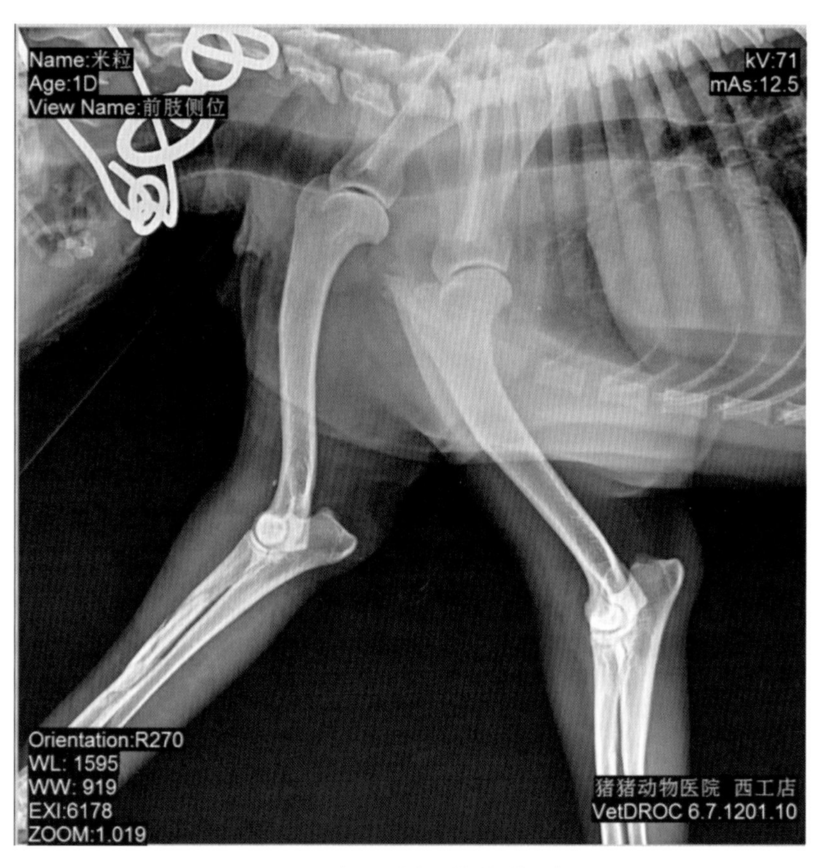


图8–113　金毛受伤当日前肢侧位X光片

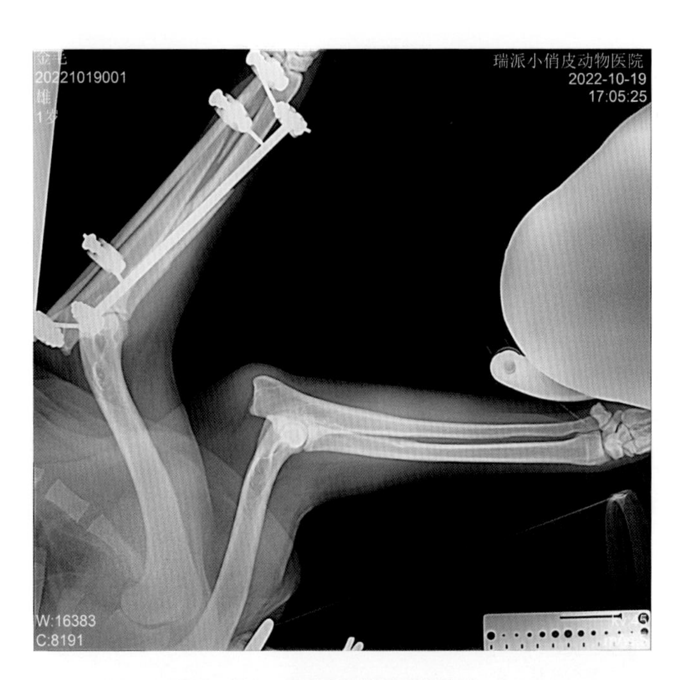


图8-114　金毛手术当日X光片（一）

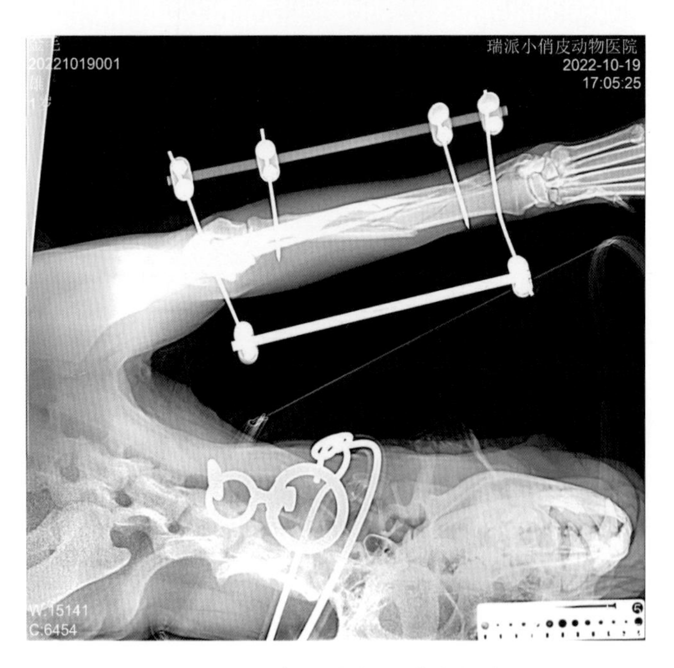


图8-115　金毛手术当日X光片（二）

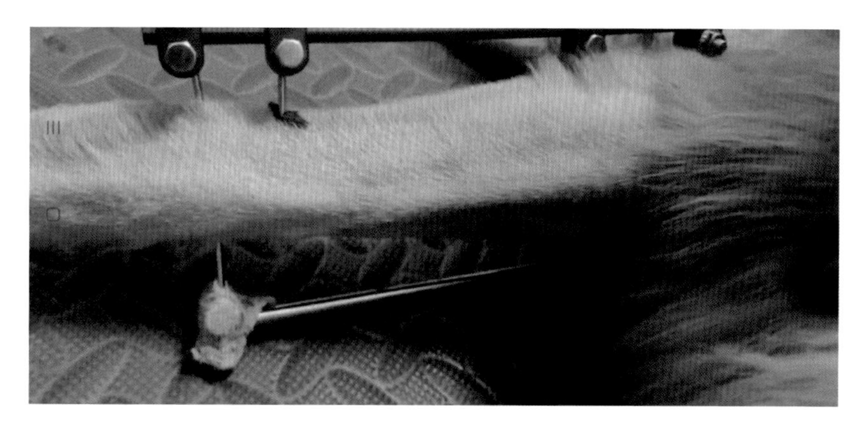

图8-116 金毛术后右前肢实拍（一）

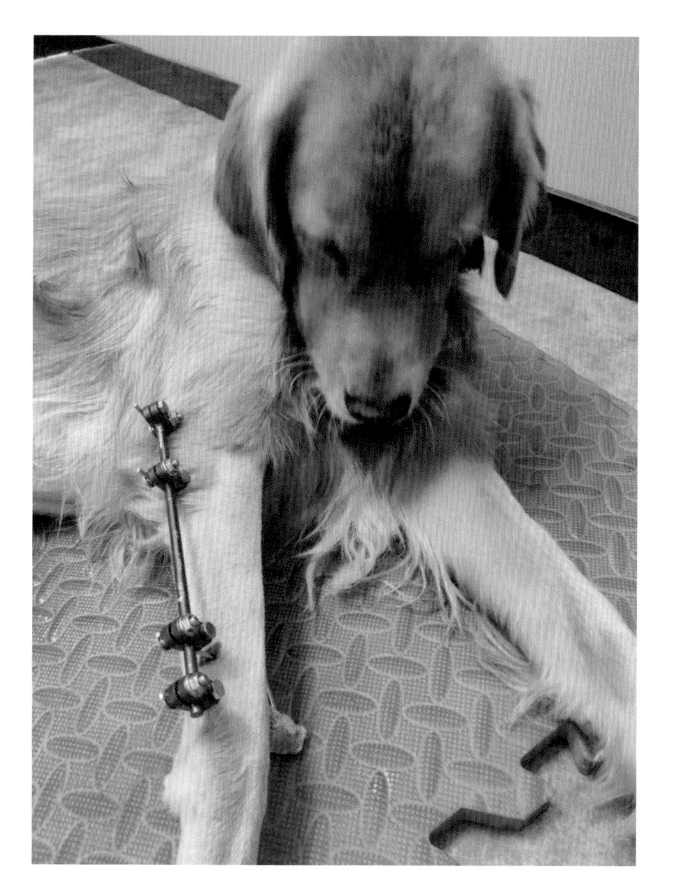

图8-117 金毛术后右前肢实拍（二）

附图　小动物骨科外固定支架基本构架

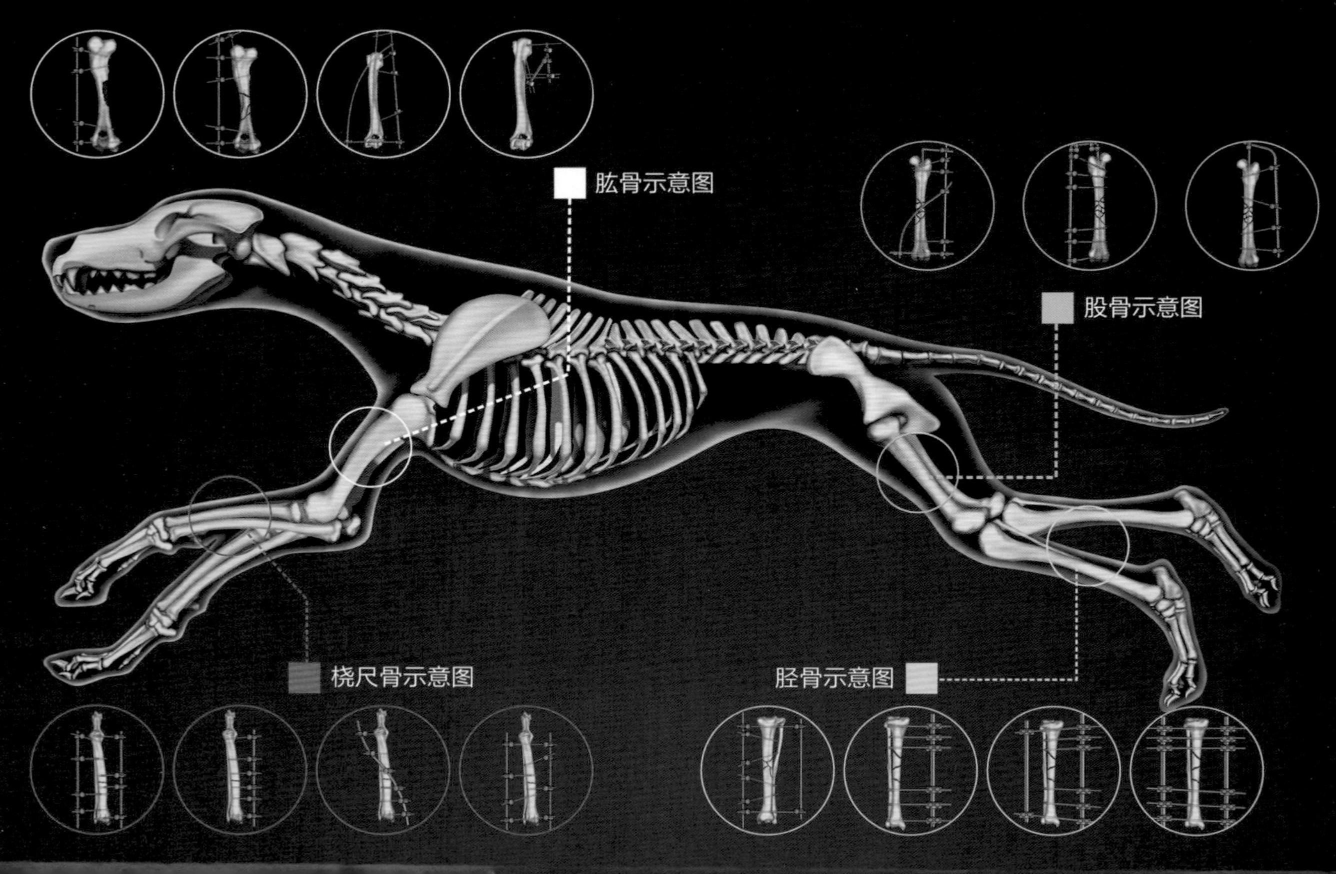